咖啡全书

CAFÉ

HIPPOLYTE COURTY

[法]伊波利特·库尔蒂————著　徐洁————译

中信出版集团｜北京

图书在版编目（CIP）数据

咖啡全书 / (法) 伊波利特·库尔蒂著 ; 徐洁译
. -- 北京 : 中信出版社 , 2022.11（2023.12 重印）
　ISBN 978-7-5217-4550-4

Ⅰ . ①咖⋯ Ⅱ . ①伊⋯ ②徐⋯ Ⅲ . ①咖啡－基本知
识 Ⅳ . ① TS273

中国版本图书馆 CIP 数据核字 (2022) 第 123038 号

本书仅限中国大陆地区发行销售

咖啡全书

著　　者：［法］伊波利特·库尔蒂
摄　　影：［法］埃尔万·菲舒
译　　者：徐洁
出版发行：中信出版集团股份有限公司
　　　　　（北京市朝阳区东三环北路 27 号嘉铭中心　邮编　100020 ）
承 印 者：北京盛通印刷股份有限公司

开　本：787mm×1092mm　1/16　　印　张：20　　字　数：450千字
版　次：2022年11月第1版　　　　印　次：2023年12月第2次印刷
京权图字：01-2018-3126
书　　号：ISBN 978-7-5217-4550-4
定　　价：198.00元

某些相遇总会比其他的来得更为刻骨铭心——这正是我和伊波利特·库尔蒂的经历。同他的相遇从深层颠覆了我对咖啡的认识。我相信，所有和这个年轻人打过交道的人都不会空手而回。他只需给我们来上一杯咖啡……就像那位为他奉上第一杯咖啡——这种从前他讨厌的饮料——的朋友做的那样。要知道，伊波利特在2008年以前觉得咖啡不够精致考究，根本不屑一顾，而如今却是他为我们大家开启了通往咖啡豆的康庄大道。他过去是中学历史老师，如今则是咖啡品鉴师，小小一杯咖啡改变了一切……今天，他已经成了咖啡领域的行家，始终追求真实、优质、独特。他还是一名学有所成的学者，一位启蒙的良师，因为是他为我开启了通往一个全新领域的大门——这是属于他的领域，他为我带来了一种味觉上的冲击，犹如醍醐灌顶。可以这么说，在他领我入门以前，我根本不算真正品尝过咖啡……

通过本书，读者们将展开一段咖啡启蒙之旅，身体力行地投入咖啡的世界！

皮埃尔·艾尔梅

目
录

SOMMAIRE

◗◗◗

引言

INTRODUCTION

❦❦❦

"当奥雷利安第一次看见贝蕾妮丝时，觉得她真是难看极了。"这是阿拉贡的小说《奥雷利安》的开场白，这也是我同咖啡的缘起。

我以前并不喜欢咖啡。怎么说呢？我讨厌咖啡，只觉得有股子奇怪的焦味，味同嚼蜡。

我在罗马待的那几年，绝望地过着和意大利人一样的日子，循规蹈矩地吞下芮斯崔朵（ristretti）、玛奇朵（macchiati）还有卡布奇诺（cappuccini），却丝毫没有改变我对咖啡的看法——咖啡只不过是一种苦得要死的玩意儿，黏在舌头上面，让人呼出的口气令人难以忍受。当时我已经能分辨出各种咖啡的区别来，可谁又不是呢？一杯那不勒斯迷你浓缩咖啡，堪称是罗布斯塔种咖啡豆冲泡出的重磅炸弹，同威尼斯醇厚的阿拉比卡种咖啡豆比起来，口感当然不同。我固然能够察觉罗马的卡布奇诺和佛罗伦萨的卡布奇诺之间的差别，但两者又何来优劣之分？

尽管如此，这个"难看的贝蕾妮丝"还是激起了我的好奇心……所有人都在谈论它，所有人都在"亲吻并称颂它"。每天有超过十亿人亲启双唇品尝它，却不包括我在内。谁不喝咖啡？谁不喜欢那萦绕在厨房、屋子和餐馆里的咖啡香气？

我围着"贝蕾妮丝"打转，她却无情地挣脱了我——正如波德莱尔[1]描述的那样——只在唇齿之间留下一股"苦柠檬"的味道。有一天，一名出版商要求我写一本关于品鉴的书，其中有一章就是关于咖啡的。我先是拒绝了，随后又回心转意，意识到这是我了解这种谜一般饮料的唯一机会。我尝了尝，又尝了尝，参与了多次讨论，四处旅行，买了很多种咖啡，试图去了解、去发现。我增加了品尝和讨论的次数，但依旧一无所获，依旧不来电，提不起任何兴趣。我承认，那时我相信咖啡一定是被品鉴界的奥林匹斯山诸神给驱逐了，被从美食的天堂里流放了，被垃圾世界宣判了无期徒刑。

再看看我周围那些人，他们一个个都把我视为异类。我那时拒绝相信会有九成的成年人品位欠佳，会心不甘情不愿地喝着这种人人都在谈论的饮料。

然后呢，"醍醐灌顶"的那一天终于降临了。

一杯咖啡出现在我面前。我清楚地品尝到了人们所说的一切：我品尝到了协调、甘甜、层次、醇厚、香气，我感受到了风土、品种、种植园、咖啡农、发酵。最后，我看到了，明白了并体会到了咖啡的语言——我听懂了它的述说、它所承载的情感和愉悦。

从那以后，我试图传递自己的热忱，将这作为自己人生里不可忽视的一部分。我踏遍了各个种植区，不断地品尝、烘焙、杯测、调配、创造、创新并分享。

正是这种"醍醐灌顶"和热忱，才诞生出了这样一个值得去发掘、值得去热爱的世界，因为它为我们带来了改变。

在我那名为"咖啡树"的咖啡教室里，这个世界每天都赋予我活力，完全可以同精品咖啡相媲美。这是我们最常谈论的咖啡，尽管它只在全球市场占据很小的比例，但在全球行业中，它正在发生变革，其生产覆盖了近90个国家和1.2亿人。在很长一段时间内，人们曾认为咖啡是仅次于石油的全球第二大商品——好在这并不是事实，但每天确实有超过12亿人喝咖啡，想象一下吧，差不多占世界人口的1/5！也就是说，咖啡是全球人民最常喝的饮料之一。曾经在很长一段时间内，咖啡在发展中国家生产，同时又是发达国家的专属饮料。只有埃塞俄比亚和也门，因历史上曾是咖啡原产地，所以那里的人民也喝咖啡。咖啡已经成为认识当今世界、历史传承以及未来发展的最意味深长的饮品之一。

近20年来，咖啡界发生过多次深层革命，包括精品咖啡、去商品化、高端化、第三波咖啡浪潮，等等。所有这些术语都意味着：在人们眼里，咖啡渐渐地不再是一种日用品，不再只是一种大宗商品，而因为其品质最终得到肯定和重视。这种运动经过几代人的承载，具有多重来源和动机。几代人通力合作、不断推进，在全世界展开论战，同旧模式决裂，至少为他们自己或同类做出改变，并在最大程度上为了全世界做出改变。

本书面向门外汉和行家，同样适合喝茶、喝葡萄酒以及喝水的人士，概要地介绍了当今咖啡界的知识和经验，介绍我这一路走来的心得：从咖啡的总体和品质为切入点，寻本溯源娓娓道来。如果本书能够让您从这种常常被忽视的日用品中得到畅享一刻，那么它就算完成自己的使命了。

精品咖啡正当盛年，正在开启它的纪元。您翻阅本书时会有很多发现。想要详细描述咖啡的现状几乎是不可能完成的任务——一切都在如火如茶地进行，都在快速变化着，个人尝试层出不穷，各种风潮此起彼伏，趋势和时尚日新月异。我们无法及时获取各类机构和企业集团研发的学术知识，所以书中的数据即便来自各种探索尝试，也难免粗略。在这里我尽量避免犯错，尽量不提供不确切的数据，但当您读到这里时，有些旧数据可能已经过时，要解读它并非易事。因此，本书的内容对应的只是一个时段，也许就是冲泡一杯咖啡的时间，而不是什么绝对的真理。为了更好地享受这杯咖啡，我邀请了多位行家各抒己见，畅谈他们的期望，同我们分享他们的看法。我邀请您在咖啡的世界里展开一次感性的散步，从植物学和历史到调配和品尝，书中还会提到种植园、发酵、各种成见、传统仪式以及我的个人感想。本书请到了大摄影家埃尔万·菲舒（Erwan Fichou）前来助阵，由他来为我们拍摄照片。奥雷利安同贝蕾妮丝的爱情故事在阿拉贡笔下洋洋洒洒铺陈了一千多页，而在这里，您将会高兴地欣赏到简明扼要的文字介绍和精美的照片，当然，还有初次了解咖啡或深入拓展知识的喜悦。

伊波利特·库尔蒂

品味

**咖啡带给我们
的触动**

要想全面认识鸟儿、苍蝇、树叶或一个人的千姿百态，就要投入全部注意力以明辨的眼光进行观察。然而，人们只会在必要时才会这样做，也就是说，只有在由衷地想去了解某件事物的时候才会投入全部心力。

——吉杜·克里希那穆提（Jiddu Krishnamurti）《重新认识你自己》（*Se libérer du connu*），Stock 出版社，2012 年

什么是品味？

味觉享受

味觉可能是人在社会中最为主观的判断力之一。"有品味"是权力和上层社会的标志，因为品味不容商榷，不以他人的意志为转移。面对着一道菜时，我们往往会不知如何下手。我们的脑海里会闪现出一千零一个疑问，变得无所适从："我该品尝出什么，闻出什么呢？"对于并非行家的我们，品尝往往成了一种酷刑，而不是口福。

在咖啡的世界里，我们有时会发现某种专制：人们会告诉我们应该品尝出什么，闻出什么。然而，味觉享受是人类的本性，是每个人都拥有的天赋。它是人类发展出来的将特定生存需求演化为感官享受的技能之一。繁殖和营养也是如此：繁殖转变成了鱼水之欢，营养化身为美食艺术。现在就让我们摒除所有的偏见，敞开自己的心扉，同咖啡来一场邂逅，将品尝咖啡真正变为赏心乐事。

品味是一种专注

有一天，我接到了有"糕点界的毕加索"之称的皮埃尔·艾尔梅先生的电话。他跟我提到了"拿铁"，也就是加了奶的咖啡。同许多人一样，他对我说："说真的，我已经有很久没喝牛奶了，我能不能去你那儿尝一尝著名的拿铁咖啡？"我和咖啡师丹尼尔拉为他调配出各种加奶饮品。丹尼尔拉为我们冲泡咖啡时，一切都静悄悄的。我们在一旁看着，随后一一品尝。过了一会儿，看着我们喝得心满意足的样子，丹尼尔拉问道："真是难以置信，您之前从来没有品尝过拿铁？"皮埃尔没有回答，或许他根本就没听见提问。于是，丹尼尔拉坐了下来，也加入品味咖啡的行列。过

本章首页图

~

咖啡的品质取决于咖啡果的成熟程度。
人们在咖啡果不同的成熟阶段采收它们。
只有鲜红色的咖啡果才能用来
制作精品咖啡。

了一会儿，我们抬起头，世界已经变了样。因为我们刚刚"邂逅"、欣赏并了解了拿铁咖啡。现在，我们互相交流体会、做出评价并进行分析。当我们对某一事物的认识还是一张白纸时，我们能够毫无阻碍地领会其中的奥妙，敞开心扉接受它，这是一次非常宝贵的经历。咖啡大师西尔维奥·莱特也抱持同样的看法，他曾说过："品味咖啡，就是聆听咖啡的娓娓细语。"

品味是文化的载体

既然提到品味，就不得不提到美感。品味其实是一种美食方面的美感，受到每个人的文化和天性的制约。我们都是时代和社会历史环境的产物，所以我们永远不可能品尝到古代苏菲派教徒的咖啡，也无法见识到巴黎普罗可布咖啡馆[1]昔日的繁华。如果想要回到过去，"用古法喝咖啡"，"重温过去的味道"，只能是一种痴心妄想（其实也算是一桩幸事！）。此时此刻此地，我们品味的是今天的咖啡。

口味带有历史特性

各个民族的口味都是在历史的长河中逐渐形成的，并受到某些重要历史事件的影响，例如糖进入现代欧洲。千百年来，世界各地出现了各种味道，也淘汰了某些味道，比如苦味。我们的饮食习惯不复从前。人们的口味还取决于当前的时代，尤其是在这个瞬息万变的信息时代。各种寿司热、汉堡热、食疗法，以及 20 年前推崇深度、现在变成浅度的烘焙方式，都可能只是昙花一现，却影响到千百万人。有些时尚热潮在日后变成根深蒂固的习惯，比如碳酸饮料——多少代欧洲人都是喝着汽水长大的。不过从 20 世纪 80 年代开始，欧洲降低了其中糖分和碳酸的含量，现在人们已经难以觉察到汽水里糖和碳酸的存在了。过去和现在这两个时间点重叠在一起，就构成了我们的看法，也造就出每一个时代和每一代人的口味。

口味具有地缘性

口味还随着空间发生变化，并主要取决于人们对周遭环境的接纳程度。有些社会，如格陵兰的维京人就曾因为拒绝接受当地口味而丧命。在瑞典的餐桌上可以看到许多越橘和其他浆果、乳制品和发酵食品，还有熏制品。所有这些都为当地饮食加了只有含糖量较低的蔬菜才能赋予的酸酸的口感。所以"斯堪的纳维亚式咖啡"是一种未经烘焙的淡咖啡，散发出菜蔬的鲜活香气。在城市化程度很高的澳大利亚，其国家特点依然建立

1

普罗可布咖啡馆于 1686 年开业，是巴黎最古老的餐馆，曾吸引了诸多社会名流。后文将有详细介绍。

（若无特别说明，本书注释均为译者注）

品味也是
一种时尚的载体。

❉ ❉ ❉

下两页图
~

咖啡杯测（cupping）是一个程式化的过程。依照顺时针方向，从左上角开始，其步骤如下：

1. 把刚刚烘焙、研磨并称量好的咖啡分到 5~6 个碗里；

2. 碗里盛上标准量的纯净水，静置 4 分钟；

3. 我们可以感觉到咖啡渣形成了一层"油脂"；

4. 用小匙刺破咖啡表面，搅拌 3 次，让新的香气散发出来；

5. 用两把小匙捞出咖啡渣；

6. 在不同温度下品尝所有咖啡，重复 3 次。

在幅员辽阔、未经开垦的自然空间上面，牛奶在那里构成了一大象征性标志，那么澳大利亚人偏爱拿铁也就无可厚非了。这种被大众认可的口味地缘性经过广泛研究，在很长一段时间内，品味的版图被分为几大块。世界村和新生的环球旅行家跨越了自己的文化边界，通过社交媒体和生活方式来传播最具吸引力的潮流影响力。

口味会发生变化

口味也同年龄有关。有些人认为这同历练甚至是智慧或衰老有关。每个年龄段的人都有自己的节奏和味觉，审美也是如此：儿童的味觉神经是成人的两倍，所以容易适应苦味等重口味；少年则偏爱稠厚、鲜美、浓郁，甚至过酸过甜的食物；口感的协调、清淡乃至寡淡，在年轻人看来是厌倦、乏味和平庸的代名词，却正符合中年人的胃口。

口味有性别之分

众所周知，性别也会影响到我们的口味。正因如此，自动咖啡机才会在许多西方国家热销。这些国家一般擅长生产咖啡粉饼和咖啡胶囊（英文为"pod"），而且消费者们会积极寻求一种品尝咖啡的全新方式，一种较为贴近原料的方式。全自动咖啡机的购买者中不乏女性，甚至女性占大多数。她们会舍弃雄浑的浓缩咖啡，而转向大杯咖啡、自制拿铁，然后再给自家的孩子冲上一杯奶香浓郁的咖啡，而不会选择含有咖啡因的碳酸饮料。

口味因人而异

不，人生来并不平等。同口味有关的神经元传感细胞的数量和连通程度因人而异。正因为存在着这种个人差异，每个人在品尝时对咖啡苦味或是葡萄酒瓶塞味的反应也各不相同。对五味 [分别是酸、苦、咸、甜、鲜（谷氨酸盐），也许还可以算上油脂味] 的敏感度，就和触觉或三叉神经一样，也因人而异。一方面，人类对各种味道的感测程度存在差异——我们对苦味极其敏感，对酸味非常敏感，对盐相当不敏感，对糖则是非常不敏感；另一方面，每个人的味觉灵敏度存在差异。

口味是一种情感

味觉体验首先是一种享受，它勾起人们吃东西的欲望并带来愉悦。普鲁斯特的巨著《追忆似水年华》中就曾多次提到玛德琳蛋糕[1]，充分显示出一种食物会在何种程度上激发起过去的情感和记忆。现如今，气味是

1
一种传统贝壳形状的小蛋糕。

唤醒"植物人"的有效方式，它能够唤醒健忘症患者最深层的记忆。通过
传感细胞传送的香气同大脑中和情感有关的区域相关联。气味会直接在我
们"生锈"的大脑中发出强烈信号，就如同排斥力和吸引力一样，是物种
生存的必要条件。从那时起，人们可以用心来品尝，并将一杯杯咖啡同每
个人承载的情感范畴联系起来。

创造咖啡的那些人……

大卫·保利·汉尼格

德国心理学家大卫·保利·汉尼格（Dacid pauli Hänig）的出名来自一
个误会。在那些对味觉生理学感兴趣的人看来，他可谓是味觉地图之父。
其实，并不是他本人绘制了这张图谱，而是他在 1901 年对味道认知的实
验启发了 20 世纪 40 年代哈佛大学心理学教授埃德温·加里奎斯·波林
（Edwin G. Boring）。这位教授草草阅读了汉尼格的著作，就把舌头严格分
为四个味觉区域：前端是甜味，后方是苦味，侧面是咸味，最深处则为酸
味。波林的味觉地图传遍了全世界。然而，对汉尼格来说，味觉区域并不
是排他的。科学为他的理论提供了佐证，因为即使是同一个味蕾，也会对
不同刺激物也就是不同味道产生反应。另外，我们现在已经知道并非只有
四种味道，而是五种，甚至更多，同相关研究和业界名人的数量一样多。

口味是一种体验

一种视觉体验

人类是捕食性动物，所以会过于依赖自己的视觉。然而，我们知道
视觉是很容易骗人的。就拿一杯咖啡上面的雾气来说吧，这可能是由极寒
引起的，却往往被认为来自热腾腾的蒸气。通过研究色彩，我们知道视觉
和味觉之间存在强大的协作关系。同一杯咖啡被盛在同一形状的蓝色杯子
和白色杯子里，受关注的角度也会不同。蓝色杯子看起来比白色杯子要柔
和——您可以用白水试一试。用于品尝的咖啡杯的选择也很有讲究，因为
它的形状（圆形、带棱角、柔软、高度……）、颜色、材质、干净程度，
都会传递给大脑不同的信号，继而影响我们的判断。咖啡可能是一样的，
但由于我们看待它的方式并不千篇一律，我们品出的味道也会有所不同。

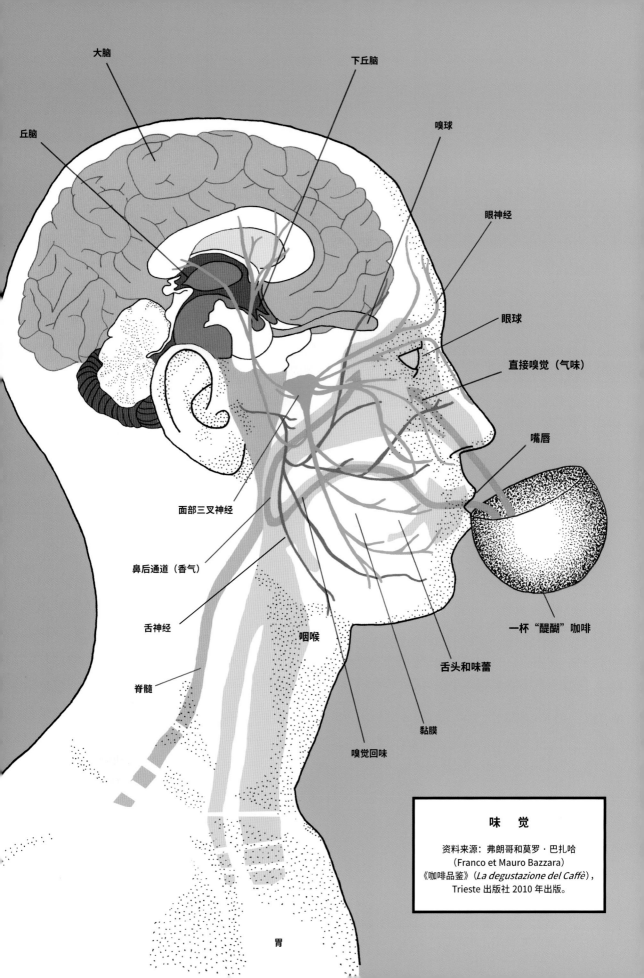

大脑

丘脑

下丘脑

嗅球

眼神经

眼球

直接嗅觉（气味）

嘴唇

面部三叉神经

鼻后通道（香气）

舌神经

咽喉

脊髓

舌头和味蕾

黏膜

一杯"醍醐"咖啡

嗅觉回味

胃

味　觉

资料来源：弗朗哥和莫罗·巴扎哈
（Franco et Mauro Bazzara）
《咖啡品鉴》（*La degustazione del Caffè*），
Trieste 出版社 2010 年出版。

聚焦

电的味道

从种植到冲泡，电在咖啡的世界里无处不在。它天然存在于土壤里，进行着离子交换；也人为存在于机器的锅炉里。为了加热咖啡所需的水，可以使用木材、煤气和电。木材和煤气会产生火：木材燃烧不持久，而煤气则更易传导和控制。电不会产生火焰，是我们用机器和热水壶调配咖啡的主要热源。然而，电是一种能源，它的某些组成成分对生物影响很大。

好在俄罗斯和瑞典等国家在这方面较为谨慎小心。正因如此，在我们组织的盲测中，形成香气和质地的方式与众不同：我们会选择一台有几个接地线的机器，配备几根管子，并尽量给最敏感的部位绝缘，包括锅炉、电子器材、抽水机等，以尽量减少这些电磁干扰。现在有许多装置系统可供选择，开辟了咖啡机的未来。

右页图

~

电强烈影响水质乃至饮料的品质。

一次可触摸到的体验

触觉往往被局限为质感分析及干涩或丝滑的概念。然而，触觉始于双手，转而到双唇，经过口舌的放大，最后归于喉咙乃至胃部。双手触摸能够补充视觉所提供的热信息，提供材质的重量和密度情况。一只材质温热，或有磨砂感或细腻的杯子，会让人预先感受到咖啡的丰满口感，更受人欢迎。

手握杯柄，将其作为唯一的触摸点，这在咖啡界是最基本的品味手势。可不幸的是，这种手势往往会制造出厌倦感，转移品鉴时大脑的注意力。其次，通过杯沿传递的信息也至关重要。双唇是口腔的前沿，由于它们极其敏感，所以负责对杯中物进行最终品质检验。杯沿释放出各种信息：杯沿太薄容易割伤嘴唇，太厚会太沉重，太烫了有危险。此外，其圆周决定了将要入口的咖啡的流量。流入口中的咖啡是"细流"还是"洪流"，产生的效果必定不一样。我们体内都有一张味觉地图，舌头上不同区域用到的传感细胞不同，我们的感受也相应发生改变。

一次体感体验

咖啡的重头戏发生在口中。口腔内遍布着许多非常敏锐的神经管道。咖啡一入口，就进入了一个潮湿的环境，36摄氏度恒温和弱酸（pH值6）会改变咖啡。如今我们知道，鼻后通道负责传输芳香成分，而味蕾更能帮助接收其他信息。芳香分子会通过这个通道上升至嗅球，到达拥有嗅觉受体的神经元。神经细胞内膜纤毛上有蛋白质，这些蛋白质分子能够帮助我们分辨近1万种气味——要知道，鸡只能分辨40种，而鱼则高达30万种！味蕾上遍布各种细胞和神经末梢，其中三叉神经末梢能够分辨温度，冷（薄荷脑、桉树叶等）、热（辣椒、胡椒、刺激性食物等）的感觉以及各种质感。口腔黏膜同样为我们提供热度和触觉信息。虽然我们拥有辨识数千种气味的能力，却很难一一说出它们的名字。这是因为大脑边缘系统和大脑皮层之间的联系很微弱，从而导致我们难以用言语来加以描述，不过这种联系能够通过练习来增强。最后，在芳香分子进入大脑边缘系统的过程中，还会同负责记忆的下丘脑连接。所以说，品味是一种情感表现，作家普鲁斯特确实是一位品鉴大师。

咖啡在不同温度下展现自己的奥秘。

❋❋❋

左页图

~

将杯测匙浸泡在温水中。
品鉴需要时间、安静、休憩和从容。
品鉴结束之后才是交流分享的时间。

1

被誉为欧洲最柔软最纯净的矿
泉水，矿物含量极低。

2

法国天然矿泉水品牌。

咖啡品鉴及其技巧

每一道菜肴都有自己的风味

　　每一种食物都有各自的特点，所以品尝的技巧也各不相同。我们定期为各种品鉴家举行咖啡品测交流会，并请来了品香师、香料师、侍酒师、品油师、品茶师以及可可品鉴师。每一位专家都有自己的用语和侧重点：品香师会谈论分子，并把它们分门别类（东方香调、西普香调、皮革香调、柑橘香、木香以及花香），并根据其最常用或是最独特的功能或组合进行分类；橄榄油品鉴师会识别出脂类（尤其是咖啡里的亚油酸），并且会特别关注油脂的提取效果，他会使用一个形状和酒杯相同的蓝色小器皿；侍酒师则讲究年份，对香气的复杂性和平衡度尤其敏感。我们设计出的"醍醐"咖啡（参阅第 37 页《"醍醐"——品味浓缩咖啡的第一杯》）在很大程度上要归功于这些品测。

专业品测

　　在咖啡领域，品测会选择一个通风良好、没有气味的自然光或黑暗环境，在一般人高所能及的桌子上面进行。杯测在西班牙语里叫"catacion"，英语为"cupping"，一般时长 45 分钟，选用的咖啡种类从几种到几十种不等。同一种咖啡会有 3~6 份样品经过调配以避免"串味"。只要有一颗咖啡豆变质就会影响整杯咖啡的口味。为了确定这种情况只是特例而并非咖啡本身因素造成（而是来自磨豆机等外来因素），也就是说这种情况只存在于一杯咖啡之中，而不是反复出现在所有杯测咖啡中，我们会增加杯测咖啡的杯数。

　　我们始终采用同一种材质的器具：

　　– 3~6 个咖啡杯测碗，最好是深色的，容量为 200~260 毫升；

　　– 每人一把杯测匙，最好由中性不锈钢制成（有味道和气味的材质不予采用）；

　　– 一个计时器；

　　– 一台精确到 0.1 克的秤；

　　– 每人一个吐杯；

　　– pH 值中性的水（Montcalm 品牌[1]），矿物含量为 80~120 毫克（Volvic 富维克品牌[2]）；可能的话，水里最好含有少量的钠和镁；

　　– 一个用来倒热水的水瓶和一个可调温热水壶；

右页图
~

在一字排开的小型烘焙机内
烘焙样品咖啡豆以了解此种咖啡的潜质。
样品风味的协调度
反映出咖啡生豆的过去与未来。

– 两个花托：一个用来装青咖啡豆（350 克），另一个用来盛放已烘焙的咖啡豆（100 克）；

– 做笔记的纸笔。

在精品咖啡的世界里，有两大品测体系：一个是强大的美国精品咖啡协会（Specialty Coffee Association of America），另一个是西尔维奥·莱特创立的"卓越杯"（Cup of Excellence）竞赛。这两大品测体系的区别主要在于咖啡和水的调配比例、杯测碗以及评测标准。

创造咖啡的那些人……

普罗科比欧

咖啡的重头戏发生
在口中。

¶¶¶

弗朗西斯科·普罗科比欧·狄·科泰利（Francesco Procopio dei Coltelli）出生于 1650 年，是他那个时代乃至整个咖啡史上的传奇人物。当时在法国巴黎，要想品尝咖啡，只能去找亚美尼亚或意大利流动咖啡商贩，或者造访那些具有东方情结的旅行家们经常光顾的小店铺。当时只有烧酒酿制师 / 汽水制造商才有权利"出售咖啡豆、咖啡粉和咖啡饮料"。普罗科比欧独树一帜，创立了著名的普罗可布咖啡馆，风靡一时。他的成功无疑要归功于那间咖啡馆别具一格的豪华装饰，但也是因为在那里可以品尝到咖啡、雪葩、醉人的美酒以及各种香料。普罗可布咖啡馆从此开创了"咖啡–冰激凌商"的理念，用法国历史学家让·勒克朗（Jean Leclant）的话来说，就是"既能暖胃，又可解暑"。咖啡从此从中东特产的标签里走了出来，面向由广大艺术家、哲学家以及文人组成的全新顾客群体。普罗可布咖啡馆摇身一变，成为社交文化场所，从此顾客盈门，到后来更是成为法国大革命的摇篮。

在品测中倾听咖啡细语

咖啡豆要在样品咖啡豆烘焙完成后的 24 小时内研磨成粉，随后在 15 分钟内进行品测。品测由 8 个步骤组成：

1. 干咖啡粉：香气和首先出现的缺点

品测师会将杯测碗里所有研磨好的咖啡粉（8.25~10 克）逐一嗅闻。虽然摇晃杯测碗能够让香气更容易散发出来，但还是请避免用手触碰杯测碗，以免在手指上沾染咖啡粉的气味。闻干香能够感受干咖啡粉挥发出的香气、主要缺点、咖啡豆的种类和干香表现（英文为"fragrance"）以及杯测碗之间的异同（一致性）。笔者建议在这一步用鼻子长吸一口气（腹式呼吸），让尽可能多的香气信息进入嗅球。

2. 湿咖啡粉：香气和主要缺点

在8.25克的咖啡粉中倒入150毫升90~95摄氏度的水，在碗里形成一个旋涡，让咖啡粉上升到表面形成一层浮渣。这层浮渣会变白起泡——这正是新鲜咖啡豆的标志。用鼻子闻着这层完整的浮渣3~5分钟，感受湿咖啡粉的表现，并评估步骤1中提到的要素和酸度。为此，请按前文所述深吸一口气，在杯子上面做回旋，以闻到释放出的所有香气。

3. 破渣：咖啡的香气

经过3~5分钟的浸泡，用杯测匙的背部破渣。将匙从最近的杯沿伸入咖啡浮渣，再推向另一侧的杯沿，随后旋转3次，闻着散发出来的香气。咖啡就这样以较为深远的方式绽放开来，再对之前所述各方面进行评估。

4. 尝味：全部因素

用两把匙将残余的咖啡渣迅速捞出，冷却几分钟（通常为4分钟）。

聚焦

滤纸的味道

有些小习惯会产生大影响，滤纸在咖啡调配过程中就是如此。如今，许多手冲法越来越受到咖啡专家等美食爱好者的青睐，形成了所谓的"第四波咖啡浪潮"。但值得注意的是，这些萃取往往是通过浸滤进行的，也就是不管咖啡有没有经过过滤，都需要用到滤纸。虽说有些品牌出售金属滤网（最常见的是不锈钢材质的），但很多人出于种种考量对此种发明视而不见。可滤纸势必会破坏咖啡的风味。事实上，滤纸在被浸湿时，其中的纤维会释放出某些成分，主要为可溶解于水的氯和氨。人们以为在使用前冲洗滤器及其配套部件可以解决这个问题，可实际上收效甚微。现在就让我们做一个实验：请准备一个配滤纸（可以是白色或棕色的、可回收或不可回收的）的滤器、爱乐压咖啡冲煮器（AeroPress®）或是Chemex手冲滤壶。用热水冲洗全套器具，再把脏水泼去。然后，不要马上把咖啡放入滤器，而是再冲洗一遍。最后，把冲下来的本该用来泡咖啡的水喝掉。你们一定会注意到香气的异常——尤其带有一种干滤纸的气味。

一旦达到品尝的温度，就用匙捞起少许咖啡放入口中。用力吸进口中，以将尽可能多的氧气输入咖啡，注满整个口腔，让尽可能多的香气上升至嗅球。不要像品尝葡萄酒那样啜饮，而要尽可能地发出声响！吞下或吐出咖啡之后，可以着重在喉咙深处感受口中余韵的品质，尤其是奎尼酸和醋酸的含量。咖啡至此"玉体横陈"，毫无保留地绽放自我，倾吐衷肠。在这一步骤，特别要注意下列因素：咖啡的各种酸度、香气表现、口味协调度、质感（触感）、醇厚度（咖啡在舌头上的重量）以及纯净度。

5. 各级温度

每一杯咖啡需品尝多次，以感受温度的影响。咖啡在冷却时会呈现出新的特性，展示出某些奥秘，同时会隐藏或显露出某些缺点。

－在最高温度，尤其要关注香气和在口中的余韵。天然咖啡的发酵缺陷在高温下更容易显露出来。

－在中间温度（60 摄氏度上下），特别要注意酸度、质感、口味协调度以及咖啡的醇厚度。

－在接近室温的低温，则可对样品的甜度和一致性进行评测。

聚焦

品味瑕疵

发现最常见的瑕疵并不是一件让人高兴的事，但对那些希望在品测道路上前进的人，品味瑕疵绝对是必经之途。下面随意列举几个在品测时碰到的倒霉事儿：咖啡闻起来有股子药味（药物气味）、发酵味、苯酚味以及酸味，而且咖啡生豆变黑了——这时您就可以确信：要么是碰到了一颗在地上捡的已经腐烂的咖啡豆，要么就是把豆子遗忘在袋子或仓库里导致发酵过了头。

要避免这种情况的唯一办法是强调采收优良规范（参见第249页《加工》一章）并重视水洗池的清洁。

不过要注意，颜色并不说明一切。即使生豆没有变黑，有时其表面颜色会很浅且带有斑点，内核很深，也依然可能闻到同样的气味。在这种情况下，这颗生豆就是腐烂的：可能是在地面上发生的，也可能是在受到污染的采收袋里，或者是因为晾晒过程被打断了，又或者是曾被储藏在潮湿的环境里。这种腐烂咖啡豆的口味会异常酸涩……

鼻子还能闻出另一种同上述两种情况相似的缺陷：豆子泛出非常白的黄色，往往还带有发霉的痕迹，说明这些生豆完全发霉了。这可能是因为这些豆子曾在潮湿的地面上晾晒，也可能是因为去果肉机调节不当，或是在发酵时还带着果皮，甚至是没有经过筛检。这种缺陷往往是生豆本身的问题造成的，却没有被人们筛检出来。发育不良的生豆闻起来像稻草、花生和收敛水。这些果子在采收期过长的情况下被捡拾起来。这种咖啡豆往往不适应当地的气候情况，从而无法成熟。但只需用筛子筛选出密度合格的生豆，这类不成熟的果子就不会鱼目混珠。最后要提到的缺陷比较少见：气味闻起来像草本植物。观察这种豆子时会看到上面有皱褶——这颗豆子在过于潮湿的季节里泡了水，所以没有发育起来。只需用同样的方法好好筛选，每一位咖啡农的顾客就不会遇到此等不愉快的经历！

资料来源：《美国精品咖啡协会缺陷手册》（*SCAA Defect Handbook*）。

左页图
~
右：一位采收者正在对咖啡果进行筛选。只保留高度匀称、完全成熟的果实。
只有最好的采收者才会被派去筛检高品质的咖啡豆，
这要花费较多的时间，所以能卖到更高的价钱。
左：采样从分析生豆开始，每300克一组计算缺陷数量。

6. 笔头打分

接下来，每个人平心静气聚精会神地在打分表上打分。根据美国精品咖啡协会的标准，总分在 84 至 100 之间。

7. 讨论交流

这一时刻对品测师来说至关重要——大家在一起交流分数和心得。首先是客观标准：是否带有风土、品种、采收、加工等特点？然后才就愉悦和情感等主观方面进行品评。每个人的经历和敏感程度都不同，所以我们会在此时进行热烈讨论。无论每一次烘焙的规模是大是小，都会自成一格，品鉴团体也是如此。

8. 咖啡因敏感度分析

最后，最好做一次咖啡因敏感度分析。一杯咖啡可能在感官愉悦方面表现很好甚至出色，但在提神也就是饮用方面却很糟糕。为此只需采用几种很简单的方法——不需借助巫婆、神棍或是外星人，也不需要用意念感应，我们只需要转动碗，张开双臂，然后两手慢慢靠近碗，集中感受空气的"气场"。在此时，空气就好像凝结了一下，产生出一种棉絮状的厚

下图
~
同加布里埃拉·菲格罗亚德·德·许克（前排）在种植园进行咖啡品测。专注、安静、静心、仪式化的动作都是品测成功的关键。一个人冲洗杯测匙，另一人记录下自己的感受，其他人品味后把咖啡吐掉。

实感。您此时感受到的是咖啡中醚的余韵（5~50厘米）。咖啡的余韵越长就越醇厚，提神效果就越好。还有一个方法是把咖啡含在嘴里，不要在意口味，而是把注意力集中在触感上。

是欢乐还是悲伤？是爱还是恨？是开放还是闭塞？是大度还是严肃？如果您采用的是生物动力农法和天然农业等敏锐性高的农业种植法培育的咖啡，那么除了释放出更多香气，也会赋予无与伦比的能量——您的咖啡会以别样的方式赋予您力量。另外值得一提的是，请始终采用同一种水冲泡咖啡，并根据前文所述的标准事先对水进行测试。

咖啡的余韵和形态

口感

我个人很看重咖啡的口感和形态。除了纯净度（也就是没有令人不快的苦味、黏糊感、脏污感或刺激性），我还非常在意咖啡在时间维度中的表现：其香气表现是提升了还是下降？口中余韵如何？是丝滑、稠厚还是令人不适？一杯咖啡可以在半个多小时内逐渐释放其潜质，在我看来，这是一个很讨喜的优点。现在的人们往往趋向于过高评价那些重口味的酸咖啡，比如产自东非的咖啡。但重口味并不总是意味着富有层次感。此外，我也很喜欢感受咖啡在我口中产生的形态：是球形、平行、垂直还是圆润？葡萄酒领域往往会很重视这些口感。

咖啡的口味从何而来？

来源复杂

咖啡的口味来自一种我们不甚了解的复合物。即使是咖啡学，在这方面依旧有待深入探究。现在还是让我们来试着领会一下咖啡的口味。

咖啡品种

咖啡的基因中蕴含着愉悦感官的潜质，会随着自然条件、风土、年份、发酵、烘焙以及冲泡而部分显露出来。植物香气的持续与否同发酵类型息息相关。"半水洗法"（Semi-Washed）最能保持香气，但生成的香气也最少（参阅第249页《加工》一章）。铁皮卡种（Typica）咖啡为花香型，瑰夏（Gesha）散发着花香和桃香，伊阿帕（Iapar）闻

咖啡香气的形成步骤

咖啡生豆：

200个芳香分子

发酵咖啡豆：

400个芳香分子

烘焙咖啡豆：

800~1000个芳香分子

起来则像巧克力和朝鲜蓟，H3 咖啡带有柠檬味，而 SL28 则为黑加仑味。某些品种天然就含有较多的咖啡因，比如伊阿帕 59；另外一些的咖啡因含量则较少，如劳伦娜（Laurina）。卡帝姆（Catimor）等品种的绿原酸含量较高（从而形成苦味），在波旁（Bourbon）中则较少。

风土

产地是咖啡品种香气形成的载体，是释放出咖啡基因潜质的关键：酸或糖的含量各是如何。请品味一下哥斯达黎加产瑰夏咖啡和巴拿马产瑰夏咖啡之间的不同吧！这两者在香气表现和酸度上天差地别；再拿铁皮卡种咖啡来说，低海拔的香气较为寡淡，而高海拔的则颇为丰富。

年份

采收年的气候状况，也就是所谓的"年份效应"，直接影响到咖啡的品质。前文已经提到，带有皱褶等

缺点同降雨过多有关。相反，如果有一年过于炎热或日照时间过长，就会加速咖啡的成熟，从而降低其香气表现和酸度，甚至还会破坏授粉，对收成造成重创。

采收和加工

采收会造成许多缺点！至于采收后的加工，其选择和过程会形成或显露出某些口味（酸度、风味、醇厚度等）。香气如果闻起来像巧克力，则同细菌的大量活动有关，我们可以人为地进行强化。在发酵过程中加入一些酸或酵母会形成某些特别的质感和协调感。

晾晒

这是关键的一步，即便在湿式处理法中已在最大程度上限制发酵。在晾晒时，咖啡果可能会发霉并感染真菌、受潮等。因此，晾晒可能会带来较为负面的影响，并严重影响咖啡的品质和特性（参阅《加工》一章，第 249 页）。

聚焦

冲泡咖啡的水

不用说，水在咖啡里至关重要：在新鲜咖啡果里水的含量超过 60%，在咖啡液中则超过 98%。从发芽到收获、清洗和发酵、干燥和冲泡，都有水的参与。针对水的使用出现了许多规范：例如在种植园方面，有雨林联盟（Rainforest Alliance）积极减少用水量并确保其处理；在冲泡方面则有美国精品咖啡协会的要求。然而，想要确保水质完美，也就是保持恒定且富含矿物质，可说是一个不切实际的幻想，因为其中不确定因素太多了。所以，冲泡咖啡的水过于纯净（传导性过弱和 / 或矿物质含量较少）或是导电性过强（传导性较强和 / 或矿物质含量过多）、酸性或碱性过强，对咖啡来说都不是好事。我们还知道，在浸泡时间、萃取品质和口味方面，水起到决定性作用。

众所周知，自来水是受到污染的，里面掺杂着有害健康的纳米颗粒和氯等添加物，其矿物质含量和传导性会随着季节和温度、水源、时段以及需求发生变化。另外，传统过滤器（活性炭、离子、氢氧化钠过滤器）经过设计用来防止机器里出现水垢，并不能保证饮料品质。最后，蓄积在机器锅炉里的水会同重金属接触，在挥发时会提高 pH 值并造成矿物质含量过高，严重时甚至不宜饮用。由此可见，要在最佳的萃取条件下确保水质相对恒定，只有一种有效方法，那就是逆向渗透，然后从外界补充矿物，而不是通过绕流管。另外还需加入活性剂，如此一来，您终将获得合适的水，一种符合您口味的纯净活水。

左页图

~

水对发酵质量和卫生保健至关重要。

在这里，在用湿式处理法去除果皮前，用机器清洗生豆。

圣弗朗西斯科种植园（尼加拉瓜）。

表 1-1 不同发酵法打造不同风味

发酵性质	描述 (参阅《加工》章节, 第249页)	对咖啡香气发展的影响	主要特点	常见缺点	常见用法
干式处理法/ 天然晾晒法	晾晒时整颗果实发酵	强	产生果味、甘甜、醇厚的咖啡	发酵味, 往往带有较重的醋酸酸味	甘甜腻滑的浓缩咖啡
湿式处理法	在发酵池里对去除果皮果肉的咖啡果进行发酵, 分有水和无水两种	强	产生纯净、口感丰富和香醇的咖啡, 酸度较强	依等级而定, 可能存在较多缺点	通常用于手冲法
双重湿式处理法	重复上述方法	强	香气层次较强, 酸度较强	发酵风险减少, 寡淡	通常用于手冲法
半日晒处理法	晾晒时已去除果皮果肉的咖啡有限发酵	中, 品种芳香很重要	圆润、简单、随和	依原料品质而定, 极少出现发酵问题	最适用于浓缩咖啡
蜜处理法	晾晒时控制已去除果皮果肉咖啡的发酵	强	花香、酸、甘甜	真实存在发酵风险	手冲法和浓缩咖啡
半水洗法	带羊皮纸的咖啡豆快速发酵	弱	产生口感简单的咖啡, 以品种香气为主导	依筛检品质而定	各种类型, 适用于混豆
湿刨法	晾晒和发酵中断	强	泥土味、霉味、发酵味	其优点也是缺点	浓缩咖啡, 适用于混豆
过熟咖啡果	在咖啡树上发酵	强	带酒味, 甚至发酵味	醋酸酸味	手冲法

最终筛选和存放

同上一步骤一样，这两个步骤的目的在于确保咖啡的品质，但不会改善它。

优点和缺点

解读咖啡的酸度

咖啡的酸度非常容易受到生活模式、地点和时代的支配，在精品咖啡中往往会引起争论。可事实上，与其说这同真实酸度有关，不如说是一个体感酸度的问题，因为咖啡的 pH 值在 4.8 和 5.2 之间，而全球最畅销的碳酸饮料的 pH 值则在 2.5 左右。尽管如此，酸依然是决定咖啡及其品质和最终甘甜度的一大关键。对咖啡中酸的品鉴近年来正当盛行，因为它有助于"解读"咖啡的故事和特性，了解其均衡度。我们现在知道，咖啡生豆里含有大量有机酸，其品质和数量同风土条件（海拔、湿度、成熟期等）及采收后的处理方式息息相关。发酵也会产生少量醋酸，带来一点儿酒味；但如果发酵时间过长，则会形成一种醋味乃至发酵味。最后，烘焙师可以遵循烘焙进程曲线来改变咖啡的体感酸度（参阅《烘焙》章节，第 275 页）。事实上，这一步骤可能会分解大部分的酸，并增加某些酸（如绿原酸）的含量。咖啡烘烤的时间越长，其酸度就会越低；烘烤的时间越短，其酸度就会越高。

聚焦

学习品鉴咖啡

几年前，学习咖啡品鉴还是件不可能完成的任务。随着咖啡店（Coffee Shop）、咖啡烘焙馆（Micro Roastery）、咖啡培训机构和协会遍地开花，越来越多的人渴望将优质咖啡文化传播给世人，咖啡教室也显著增加。在亚洲某些国家，学习咖啡制作已经和在欧洲学习品酒一样司空见惯。要想选好自己的培训课程，就千万不要将专业人士的"杯测"同品鉴混淆。

正当盛行的"杯测"是每一位专业人士的必修课，同咖啡爱好者日常饮用咖啡还是有很大区别的——谁会用小匙喝咖啡？品鉴是一种享受，是业余爱好者获得日常感官体验的一种方式。为此，我们成立了面向大众的咖啡学校，不仅以最先进的知识和工艺为依托，并且也符合日常生活需求。

聚焦

"醍醐"

—— 品味浓缩咖啡的第一杯

我们创制出品味浓缩咖啡的第一杯"醍醐"咖啡，为的是简明扼要、直入重点。

浓缩咖啡往往是多产地混合咖啡的代名词，而我们则采用单一品种、单一土地以及单一发酵的咖啡，意在揭示出咖啡的特性，并力图通过感官来体会其中的丰富多样。通过其外在和内在的形态，"醍醐"咖啡展现出咖啡的历史渊源。感受咖啡的暖香，触摸咖啡豆和土壤，阵阵香气扑面而来，品味那和谐醇厚的液体所带来的丰富感官体验。

球形咖啡杯寓意完美，轻轻一掬，柔情蜜意在手。不带手柄的设计，让手能够直接接触杯体。张开的杯沿宽大单薄，宛若无物，让咖啡自然而然地流入口中。

表1-2　对咖啡品质起决定性作用的六类酸

以下六类酸对于咖啡的品质起到决定性作用	占主导地位的味道	在咖啡中的比重	对中度烘焙的反应	对深度烘焙的反应	对于咖啡杯的影响	口感
苹果酸	圆润，澳大利亚青苹果味	高	减少超过50%	减少	赋予香气，提高醇厚度	口腔深处和两侧
乳酸	酸，变质的牛奶味	低	增加	减少	赋予乳香	主要在口腔深处
醋酸	葡萄酒味，几乎发酵的醋	低	增加	减少	赋予香气，减少醇厚度	醋味薯片般的余韵
柠檬酸	酸、硬、柠檬味	高	减少50%	减少	赋予少量香气，减少醇厚度	尤其存在于舌尖
奎尼酸	苦涩	低	增加50%	减少	增加醇厚度	位于喉咙
绿原酸	金属和苦味（小苏打）	高	增加	减少	增加口感层次	四散开来

咖啡的主要缺点

一说到咖啡的酸度就不得不说一下咖啡的缺点。一如咖啡的优点一样，其缺点受到审美标准的制约，因此具有相对性。有些人可能比较偏爱某些缺陷，比如那些所谓的天然咖啡，也就是甜度尽量高、发酵香气尽量少，在那些批评家看来隐藏了特点的咖啡（参阅《加工》章节，第249页）。同样，印度马拉巴季风咖啡等风渍咖啡或是在干发酵池里发酵（湿刨法）的印度尼西亚咖啡缺点很多，却形成了一种丰富的口感，从而引人注目。品味的标准和咖啡评分表更多反映的是咖啡制作者的特点，而不是咖啡本身。此外，要像评论优点一样去评论咖啡的缺点，只有在我们有能力追本溯源，有能力去纠正、再现甚至强化它的时候才变得有意义。品味就如同医学听诊法一样，是一种帮助了解每一种咖啡历史的证候学。

学习品味

同我们喜爱的领域进行类比

感受和自信无疑是品味的关键。不用害怕自己会语无伦次，你们在脑海里想到并在第一时间产生的印象往往是最好的，把你们的感受同自己熟悉领域中的坐标结合起来。所以说，品味的诀窍之一就是以音乐、运动、汽车、服装时尚、烹饪、钟表或是其他任何领域为例。这杯咖啡让你想起了德国音乐巨匠瓦格纳，另一杯则想起了德国作曲家亨德尔，第三杯又想到了法国作曲家萨蒂——以此为起点，您会联想到具体的事物，在音乐作品和咖啡这两个世界间建立起一座桥梁，用音乐作品所能带来的清晰和精准来成功地"聆听"咖啡。我们还可以用这种方法来购买那些名字和术语陌生的咖啡。"我爱这段音乐、这项运动、这块手表等，那么您有没有一杯能够让我灵光一现的咖啡呢？"如此一来，您就会带着一种自己熟悉的音调、颜色和波长满意而归。

摆脱各种禁锢

自我修行的秘诀不外乎是不断练习和勤加记录。如今有许多品味咖啡的方法，在未来几年还会继续增加：从让·勒诺瓦（Jean Lenoir）设计的名为"咖啡的鼻子"（Le Nez du café）的气味图书馆[1]到形形色色的培训课程，再加上各种规范还有 Tastify.com 杯测线上软件。品味咖啡的本质反而因此变了味。除了专业背景和品质检测，品味首先必须是一种感官和认知的愉悦。在某些场合，我们通常会对自己冲泡咖啡的对象进行咖啡感官描述，同时快速说明咖啡的特点：均衡度、主导香气、醇厚度等。然而，品味需要有心理和时间上的双重准备，以便让辨识、连接、结合以及语言表达自由发挥。在品味咖啡时，我们找到的必然不是什么终极答案，而是一条途径。一群品鉴师需要愉快、专注以及仁心来接受每个人的意见。所以，您不要慌了神，不要觉得自己必须要闻到别人说的或写的某种特性。您只需凝神静气地品味就好。

1

由 6 种或 36 种咖啡香味组成的礼盒。

品味咖啡首先是一件赏心乐事。

❦❦❦

前页图

~

p.36：本书作者手捧自己创制的"醍醐"咖啡。

这杯咖啡被用来展现浓缩咖啡的全部特点。

p.37：眼神和看法交流必不可少。

参加本次品测的有（从左至右依次为）：乔纳森·鲍尔（Jonathan Bauer，2014 年法国最佳侍酒师，Spring 餐厅）、安娜 – 索菲·皮克（Anne-Sophie Pic，米其林三星大厨）、本书作者、塞德里克·卡萨诺瓦［Cédric Casanowa，橄榄油专家，"情迷橄榄世界"（La Tête Dans les Olives）店主］、让 – 米歇尔·杜里埃（Jean-Michel Duriez，巴黎罗莎和让·巴杜品牌调香师）、芭芭拉·杜弗莱纳（Barbara Dufrêne，茶文化专家）以及达·罗萨（Da Rosa，达·罗萨香料店店主，香料专家）。

访谈

西尔维奥·莱特

西尔维奥·莱特（Silvio Leite）是最负盛名的咖啡杯测师（cupper）之一，被公认为品质检测的大腕，

他积极参与咖啡豆的种植加工及品测法的改良。作为"卓越杯"的共同发起人，

他负责对咖啡进行品测并建立起一套在全球范围内广泛采用的品测规范。

他也是由巴西所有精品咖啡农组成的

巴西精品咖啡协会（Brazilian Association of Specialty Coffee，BSCA）的主席。

西尔维奥，口味是绝对的吗？

西尔维奥·莱特（以下简称莱特）：不是，每个国家都有自己的口味和标准。比如，斯堪的纳维亚人会优先选择那些酸度较强的咖啡，而意大利人则偏爱余韵纯净、口感较为协调的咖啡。不过，虽说每个市场都各有所爱，但总会有人不按常理出牌，喜欢那些非比寻常的东西……所以说，无论是对于个人、国家还是大洲，口味一定是相对的。另外，哪怕是就时间范畴而言，也是如此，现今人们追求那些发酵时间较长的咖啡，在过去却完全不是这样。

在过去三十年内，咖啡的品测经历了哪些变化？

莱特：在很长一段时间里，品测曾是商家的专利，其目的在于根据类型和缺点数量筛拣咖啡豆。在原产国，人们会对咖啡豆进行分类：哪个缺点对应着哪个环节、哪个市场，由此将面向国内市场和用于出口的咖啡区分开来。

在咖啡消费国，品测师们则通过品尝咖啡来决定购买哪种咖啡生豆并进行打分，确保这些咖啡在被制成混合咖啡之后为当地社会所接受，并和他们打造的特色口味一脉相承。要知道，咖啡浑身都是宝，从残渣到最上品的咖啡豆全都可以拿来卖钱，只要将其分门别类即可。到 20 世纪 90 年代末，尤其是在"美味计划"（Gourmet Project，"卓越杯"的旧称）和巴西精品咖啡协会的推动下，最上等咖啡经历了一次小变革——人们不再对缺点而是对优点进行评测。

这一模式的变化起源于多个品测规范的问世，比如美国精品咖啡协会和"卓越杯"规范就同早先的许多规范大有不同。今天，这些规范被广为接受，感官评测技巧的推广和多种先进的发酵法均推动着我们朝着这个方向发展。

这是否在咖啡领域里带来了某些改变？

莱特：是的，当然，品质在不断提高！只要看看每年举办的"卓越杯"大赛的次数就知道了，参赛国的进步有目共睹。在巴西，天然晾晒法获得的咖啡曾被视为品质较差的咖啡，所以在十几年前很难组织此类咖啡大赛，而现如今所有专业人士均乐在其中，真正推动了咖啡产量的提升。事实上，从整体角度来看，"卓越杯"品测就是对整个品测规范的核心，即品质加以肯定。

什么是品测咖啡?

莱特:一切都从原料——咖啡生豆开始,而不是人们可能以为的单纯咖啡饮料。对我来说,品测就意味着"聆听咖啡""聆听咖啡物语"。在品测咖啡时,我始终会问自己:"这杯咖啡正在告诉我什么?它是谁?"因为通过品测,咖啡会传递出许多信息,包括基因、产地、成熟度、加工方式、遭遇到的所有问题等。这就是一次真正的邂逅,咖啡和我之间平等的邂逅。为此,品测必须在安静的场所进行,绝对要静悄悄的,充满仪式感,让邂逅如期而至。随后,我们可以交流分享自己的感受。但如果想要聆听,就一定要静悄悄的。

品测常常被视为那些天赋异禀人士的专利,也就是说一般人无法做到。那么一般人该如何品尝咖

啡呢?

莱特:咖啡是一种天然发酵物,就和面包、葡萄酒、奶酪一样。同上述食品及油类和肉类一样,咖啡中也存在着许多差异。这种差异同产地有关,不同产地的特性迥然不同,比如醇厚度和甜味,或是相对应的鲜活度和清淡。所以要脱离我们熟知的这种"咖啡的口味",来发现每种咖啡的特点,也就是通常所谓的"属性"、均衡度、主导香气、甜味、醇厚度等。这种咖啡是蔗糖味、柠檬味还是柚子味?一种出色的咖啡除了已知品质,还应该具有与众不同的独特"属性"。

您创设的"卓越杯"是最受认可的品测规范之一,由此甄选出的最佳咖啡被授予"卓越杯"称号。那么这个规范推行的宗旨是什么?

莱特:最常见的精品咖啡规范来自美国精品咖啡协会。他们非常看重香气,并且采用 10 分淘汰制来给甜味打分。"卓越杯"规范较少考虑香气因素,而是根据一个比照表把甜味同其他口味做对比。两种规范并不相同,但其品测主旨都基于同一种商品,也就是咖啡生豆,通过它们在咖啡农和品测师之间构建起一座桥梁。这座桥梁创造了"聆听咖啡物语"的机会,尽管咖啡存在着种种优点和缺点,不一定会讨人喜欢。但同优点一样,缺点往往是相对的。而且,确切了解咖啡的优缺点、追本溯源、因果结合,会赋予咖啡农纠正缺点和强化优点的机会。鉴于广大消费者的口味可能同咖啡农大相径庭,所以这一切也会为他们提供参考消费者的意见的机会。

调配

学习冲泡咖啡

我是咖啡之王……我知道依照每一种意愿、每一种心情来冲泡咖啡。就像一记耳光般响亮，在早晨唤醒自己。裹在衣服里安详地品尝，让头痛就这样过去。其醇厚让人想起丰满的身材，其丰厚浓稠让人不再昏昏欲睡。喝着咖啡等待。喝着咖啡神游。我像炼金术士一样调整剂量。我加入香料，虽然味觉感受不到，但身体能够做出回应。

——洛朗·戈德[1]（Laurent Gaudé）《地狱之门》（*La Porte des enfers*），法国南方文献出版社（Actes Sud），2008 年

[1]
法国著名小说家及剧作家，
曾荣获法国最重要文学奖——龚古尔文学奖。

有什么比调配咖啡更常见的事情呢？

咖啡师的技巧

调配咖啡是人们日常最常见的动作之一，几乎已经变得机械化了。尽管常常遭到忽视，但调配咖啡还是一种技术活，需要运用咖啡师的技巧。本书接下来的几页只有一个目的，那就是同读者分享这种技巧，帮助您调配出最佳咖啡饮料。上一章我们已经讲到，浸泡是全面发挥咖啡特性最有效的方法。但这种方法并不是法国或南欧最受欢迎的方法，在上述地区，人们只是根据浓缩咖啡来做评判。在其他地方采用的则是浸泡和滤纸，也就是所谓的"手冲法"（brew），这些主导方式构成了"第四波咖啡浪潮"的核心。

所有调配方式的先决条件

物理和机械原理

所有的调配方式都基于同一个原理，那就是水溶性咖啡成分的萃取。这些成分溶于水形成的液体就是咖啡饮料。这种转变可以通过浸泡（热水泡咖啡）、煎煮（在水中加热咖啡）或所谓的"浸滤"过滤法（水从咖啡中滤过）来完成。最后一种方法实际上又分为下列两种：加压法（摩卡壶、浓缩咖啡、压杆、爱乐压咖啡冲煮器）和重力法（滤器、冰酿法）。极少有机器不是上述多种方法的结合体。就拿带压杆的法压壶来说，就结合了浸泡和过滤；而虹吸壶则在压力的作用下将水推至上壶萃取咖啡，再进行浸泡，最后水经由滤器重新进入下壶。这绝对是一项技术活！

章首图
~

正在晾晒中的整颗咖啡果。
在天然晾晒法中，新鲜咖啡果被
直接拿来晾晒，以保证温和发酵。
在本图中，
我们可以看到糖和油浮现在咖啡果皮上。
这些生豆正散发出雪松和焦糖的醉人芳香，
让咖啡愈加甘甜芳醇。

调配咖啡的六种机械变量

1. 咖啡

每杯咖啡的特质随着咖啡的类型（混合、独一产地、单一品种、海拔高度等）发生变化。埃塞俄比亚咖啡芳香清淡，而苏门答腊咖啡则浓郁醇厚。咖啡粉的密度和溶解度根据烘焙的程度而有所不同，后者分为浅度烘焙、中度烘焙和深度烘焙三种。所以说，烘焙程度越高，咖啡粉的溶解度就越高，体积就越大，冲泡所需的量就越少。

2. 咖啡粉的粒径大小

每次调配所用的咖啡粉都不相同。简单来说，研磨可以延长水通过咖啡粉的时间并扩大两者接触的表面。由此则加强了咖啡粉的萃取和劲道。反之，咖啡粉的粒径越大，萃取程度就越低，从而增加了酸涩感的存在风险。延长萃取时间可以避免这些后果。

3. 萃取时间

每一次调配都有一个完美萃取时间。萃取的时间越长，咖啡的劲道就越足，苦味就越重。这不是说最轻的成分会消失，而是最重的成分会占主导地位。对咖啡因来说也是如此。

4. 咖啡和水的比例

每一次调配都有自己的调配剂量。加入咖啡的量越多，水里需要溶解的成分就越多，阻力就会越大。咖啡剂量在萃取的中间和最后的过程尤其会起到作用。

5. 加入水或水流

面对一团颗粒状的物质，水流进去时会寻求最佳通道。如果把水轻轻均匀地倒在咖啡粉上，同时避开滤器的边缘，水就不得不均匀地穿过咖啡粉，完全萃取咖啡粉的精华。对浓缩咖啡来说，只需根据同样的均匀考量填满并压实咖啡粉即可。

6. 水、温度和组成

咖啡中还含有具有水合性的油脂和固体成分。因此，水的溶解力及其侵蚀性有赖于其温度及其矿化度。从矿化度下手，可以强化或减少萃取。水中的矿物质过多或过少都会影响这些成分在水中的溶解度。

对浓缩咖啡和压力法来说，还要考虑到第七种变量，那就是压力，也就是水和咖啡的接触面之间的力。压力越大，咖啡的劲道就越足，苦味就越重；压力越小，咖啡的口味就越酸涩，浓厚度越低。所以我们要在压力曲线上动脑筋。在其他调配过程中，则可以依靠水流的旋涡、搅动以及倾倒制造出类似加压的效果。

调配咖啡时，
请选用
纯净水和新鲜咖啡豆。

❖❖❖

浓缩咖啡的正确调配法

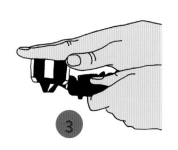

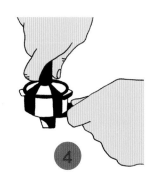

调配的十大关键

1. 干净易清洗的中性器皿，由陶瓷、不锈钢或玻璃制成，避免使用滤纸和滤布；

2. 选用纯净均衡的水：pH 值为中性，晾干时的残渣介于 80 毫克与 120 毫克之间（参阅《品味》一章，第 11 页）；

3. 一律采用刚沸腾的水来冲洗并加热您的器皿；

4. 选用烘焙不超过 4 星期、即时研磨而成的新鲜咖啡；

5. 始终选用适合调配的咖啡粉；

6. 用秤称取所需的剂量，如没有秤则用量匙代替；

7. 根据咖啡的种类，采用 90~95 摄氏度的水；

8. 根据个人口味、烘焙类型以及品味时段调整咖啡和水的比例；

9. 根据个人口味、品味时段、烘焙类型以及咖啡种类调整萃取时间；

10. 根据品味时段、菜肴类型以及宾客类型选用咖啡。

1. 每次使用后擦拭滤器手柄；
2. 按正确比例填满滤器；
3. 用手抚平；
4. 竖直向下用力压实；
5. 压出空气和水分；
6. 嵌入滤器手柄，立即启动萃取；
7. 放好咖啡杯，让咖啡液沿着杯壁流下来；
8. 尽快饮用。

资料来源：由丹尼尔拉·卡普阿诺（Daniela Capuano）提供

手冲法

专家首选

在南欧国家，浓缩咖啡往往被视为咖啡中的圣品。当然，一提到浓缩咖啡就不得不提到意大利这个咖啡和生活艺术的圣地。然而，除了意大利，全世界十种消费型咖啡中有九种采用的是手冲法。这些萃取方式正在复苏，如今已经成为专家们的首选。

滴漏咖啡

滴漏咖啡是日常生活中的洪水猛兽吗？

在普及程度方面，滴漏咖啡远远超过了其他手冲法。这种"洗脚水"味的饮料在各地都很盛行。可奇怪的是，似乎很少有人为家中拥有一个滴漏咖啡壶而感到自豪，尤其在胶囊咖啡机及其同类产品出现在市场上以后，滴漏咖啡更是成为人们羞于启齿的罪过。老实说，我实在不知道这种羞耻感从何而来，也不明白滴漏咖啡壶为什么会获得成功：是因为它自带闹铃吗？还是它的设计让人想起童年时的阴影？抑或是因为其神奇的用法？理由有很多，看起来也很有说服力，但没有一个是同咖啡本身有关的。

怎样获得一杯优质的滴滤咖啡？

首先，请收起您的电子咖啡机。不要犯傻了，电子咖啡机冲泡出来的咖啡永远都不可能香醇。这是为什么呢？因为只有沸水浇在一球咖啡粉上涓涓滴滤得到的才会是好咖啡。其次，如果一道菜肴中的某些香味过于浓烈并已盖过了其他香味，就别指望它能美味可口。在此我要提一下滤纸——总是带着一股"纸张"甚至是纸板和氯的味道。另外，滤器的材质也会有影响，就拿塑料来说吧，这种材质会很快吸收最难闻的气味，并不可避免地把这些气味传递给所有同它接触的食物。最后一个理由就是：一滴滴匀速落到咖啡粉中央的水不可能具有均匀萃取咖啡精华的能力。我们可以引用的论据无穷无尽，比如水质、水温等，但在此没有必要一一赘述，还是让我们来看看该如何调配吧。

我们推荐的滤器

首先要排除咖啡壶自带的塑料滤器。请务必就两点要素做出选择：材质和形状。请优先选用那些用陶瓷、不锈钢等惰性材质或是树脂玻璃等

> 手冲已经成为
> 咖啡专家们的首选。
>
> ❶❶❶

耐热冲击的塑料制成的滤器把柄。这样可以避免在咖啡里掺杂各种千奇百怪的味道——您读了本书以后就不会再犯同样的错误！

请尽量不要使用滤纸。您只需尝一下在滤纸里浸泡过的水，就会拿定主意转而采用金属滤器（参阅第 27 页《滤纸的味道》一节）！Kone 和 Yama 品牌正在积极拓展这一市场，推出各种形状和精加工工艺的不锈钢滤器，其中包括面向唯美主义者审美的产品。陶瓷滤器的口碑也很好，不过得配合滤纸使用……日本品牌 Hario 推出了名为"V60"的滤杯，为您的咖啡提供无懈可击的支持，其有各种尺寸可供选择，可以直接放置在咖啡杯上。此类滤杯具有多个决定性的优点：其形状适用于较厚的咖啡粉，大出水孔促进萃取，带有罗纹的边缘让咖啡粉在预泡时能够膨胀。萃取的品质取决于滤杯的形状。V60 的名字来自它 60 度的锥形角度，而其竞争对手 Kalita 的产品则较为竖直。某些滤杯采用罗纹设计以确保咖啡粉预泡完美。手冲咖啡（Pour Over）滤杯市场正在蓬勃发展，许多品牌均参与其中。在滤纸方面也存在着同样的狂热态势，无论是平滑、波纹还是粒面，白色还是棕色，原生纸还是再生纸，等等，都很受欢迎。

尽量采用不锈钢或陶瓷滤器，而不是塑料或纸质的。

❚❚❚

成功秘诀

滴漏式咖啡

1. 清洗、冲洗并加热器皿。应尽量采用不锈钢材质的滤器，而不是纸质和棉质的。如果您要用到滤器，请在使用前用热水至少冲洗两次。

2. 选用和沙子一样细幼的咖啡粉。

3. 将水加热，在水沸腾前停止加热，使水温在 87 摄氏度和 95 摄氏度之间。

4. 随后将咖啡粉倒入滤器，每 29 克咖啡粉对应 300 毫升的水。您也可以向烘焙师请教咖啡粉和水的调配比例。

5. 将咖啡粉预泡 30~45 秒，同时将热水以正常流速细缓地浇注上去，将咖啡粉微微润湿——80 毫升的水就已足够。观察咖啡粉的膨胀情况：如果咖啡很新鲜，那么咖啡粉就会起泡。

6. 以正常流速小心注入热水，当心不要碰到滤器边缘，以免萃取不足。水量一旦没过咖啡粉 2~3 厘米，就停止注水。等候片刻，再重新注水。对于 Kalita 此类过于竖直的滤杯，务必要对准中央注水；而对于 V60

和 Chemex 这些产品，只需在中央和边缘之间进行绕圈浇注即可。

7. 水一旦浇完，让滤杯自行滴滤 2~4 分钟。

最后，用手背碰触咖啡杯的杯壁，如果没有被烫到，就说明已经达到了品尝咖啡的最佳温度。

另外值得一提的是，浸泡法、滴漏法、手冲咖啡以及各种咖啡手冲法如今被视为研磨咖啡的未来。它们经济实惠，可供家庭使用，而且感官品质出色。

另一种美观的选择——Chemex 手冲咖啡壶和其他咖啡壶

真正的滴漏式咖啡固然很棒，在调配时却算不上是一门赏心悦目的艺术。所以出色的手冲咖啡壶应运而生，成为便于使用且香气怡人的产品。最常见的品牌依旧是 Chemex、Eva Solo、Hario 等，但各品牌产品之间存在很大差异。

笔者建议选用一款壶身宽大、颈部收窄、开口部分呈圆锥形的咖啡壶。壶颈上方部分用来安放滤器和咖啡粉。在重力的作用下，倒入咖啡粉的热水会滴入壶身。水倒完以后，您只需取下滤器（最好是不锈钢材质的）即可。

成功秘诀

带金属滤器的 Chemex 咖啡壶调配过程

1. 将水加热至 92 摄氏度。冲洗器皿需用到大约 150 毫升的水，另外还有 100 毫升将被咖啡粉吸收，100 毫升用来冲洗杯子。

2. 将咖啡豆研磨成粉（颗粒触感）：27 克的咖啡粉对应 400 毫升的水，19 克对应 200 毫升（卡布奇诺杯用水量为 150 毫升）。咖啡粉的重量必须依照滴漏时长来决定，滴漏时间应介于 3~4 分钟。

3. 用热水冲洗 Chemex 和金属滤器（Kone 品牌）。

4. 将咖啡粉全部倒入湿润的 Kone 金属滤器中。

5. 称量秤的皮重，并启动计时器。

6. 在 40 秒内灌入 80 毫升热水预泡咖啡粉。

7. 在 3 分 20 秒的时候，向 Kone 金属滤器的中央或是对着滤纸绕圈倒入热水。注意要持续连贯地注入，犹如涓涓细流一般：每隔 1 分 20 秒在 40 秒内注入 80 毫升热水；随后在 1 分 30 秒内注入 160 毫升，总共倒入

240毫升；最后在大约1分30秒内再注入160毫升，共注入热水400毫升。为避免咖啡粉在金属滤器中受到浸泡，水必须直接从滤网中通过，否则就会朝着边侧流出。整个注入滴漏时间为3分20秒（用计时器倒计时）。

8. 用秤称取冲泡出来的咖啡剂量。

9. 取下滤器。

10. 敲击壶身以取出完全湿润的咖啡粉渣。

◇◇◇◇◇◇◇◇◇◇◇◇◇◇◇◇◇◇◇◇◇◇◇◇◇◇◇◇◇◇◇◇◇◇◇◇◇

浸泡法

浸泡法是专业人士的调配手法

所有咖啡专家喝的都是浸泡咖啡。无论是烹饪还是茶和咖啡的调配，浸泡无疑是香味萃取中最难驾驭的方式，需要遵循一定的基本准则。比方说，如果用过热、酸度过强或矿物质过多的水来泡咖啡，就会有摧残咖啡的风险。为了获得最富层次和最为醇厚的味道，最好采用冷泡法。如果出于种种原因，您不喜欢手冲咖啡，那么，和滤纸一样，您还是一边歇着去吧。值得一提的是，尽管用来浸泡咖啡的器皿叫法压壶（French Press），法国人却往往对此一无所知。

◇◇◇◇◇◇◇◇◇◇◇◇◇◇◇◇◇◇◇◇◇◇◇◇◇◇◇◇◇◇◇◇◇◇◇◇◇

成功秘诀

热 泡 法

1. 清洗、冲洗并加热您的器皿。

2. 以60克对应1升水的比例来称取大颗粒的咖啡粉，就好像糖晶一样。

3. 将咖啡粉倒入咖啡壶。

4. 注入不超过92摄氏度的少许热水预泡咖啡粉，让其膨胀。

5. 随后注入剩下的水。轻盈的咖啡粉会浮上水面形成一层浮渣。让其浸泡3分钟，然后破渣，用一把咖啡匙轻轻搅拌。咖啡粉会沉入咖啡壶底部。

6. 根据您的口味和所用咖啡的类型，将整个混合液浸泡3~5分钟。

7. 用一把咖啡匙捞去表面的浮渣，排出里面的气体。

8. 装上压杆慢慢往下压，不要用力过度。

9. 将全部咖啡倒入咖啡杯以停止萃取。

右页图

~

咖啡上杯是一门艺术。
在安娜－索菲·皮克位于法国瓦朗斯的米其林三星餐厅"皮克之家"（Maison Pic），我们用Chemex咖啡壶重新诠释了法式小圆桌咖啡上杯法。
传统启迪现代，
咖啡上杯融合了餐厅服务的全部美感和专业手法。

◇◇◇◇◇◇◇◇◇◇◇◇◇◇◇◇◇◇◇◇◇◇◇◇◇◇◇◇◇◇◇◇◇◇◇◇◇

热泡法：精巧的艺术

　　尽管 Espro® Press 法压壶的使用原则非常简单，但使用者往往不得要领。笔者的许多顾客都曾抱怨过："啊呀，这玩意儿常常洒得到处都是，两次里总有一次会溢出来。"不对，法压壶里的咖啡才不会溢出来，也根本用不着使出吃奶的劲儿来拧紧它。

法压壶

　　Espro® Press 法压壶浸泡法是我所知道的最靠得住的调配方法之一。这种方法目前还不出名，将来一定会被越来越多的人采用。这种带压杆的咖啡壶源于温哥华某次朋友晚宴上的谈话和打赌，弥补了传统法压壶的不足。那么传统法压壶有什么缺点呢？首先是咖啡渣会残留在咖啡杯里，其次是浸泡并未真正停止，还有就是无法精准地予以测量；另外，压杆式咖啡壶往往由很薄的玻璃制成，由于玻璃不是惰性材料，因此保温能力不佳，所以品味时咖啡温度不够；最后，由于玻璃本身很脆弱，在反复碰撞和同金属匙接触后可能会破裂。Espro® Press 法压壶经过设计，能够弥补以上不足。其滤器极其纤薄，采用双层设计，确保密封。如此一来，浸泡时间得到完美掌控，不会有任何咖啡渣来影响您的品味口感。美中不足的是，用此种方法获得的咖啡浓度和醇厚度比不上传统压杆式咖啡壶制作出来的咖啡。但其醇厚度方面的不足，可以在香气的纯净度和精确度上得到弥补。Espro® Press 法压壶的设计者匠心独具，采用专门用于真空食品的特制不锈钢。像保温杯一样，在盛放咖啡的内部和外部制造真空，确保长时间保温。另外还有一个很重要的优势：不锈钢摔不坏，还可以用洗碗机清洗，又不会残留异味。真是太棒了！

冷泡法：直达咖啡豆的核心

　　冷泡法是最难以驾驭的表现液体香气的方法。浸泡在常温水里的食物香气会有转移的风险。同热泡法相比，这种方法需要更多的耐心。因为要想保存香气，首先就要留住香气。

　　热爱冷咖啡的亚洲人如今发明出了最棒的冷泡法，其装置就跟小孩过家家一样简单：冷水涓涓滴在咖啡渣上面，在穿过咖啡粉滴入咖啡壶时，释放出香气，呈现质感和色泽。这一装置呈竖直状，酷似化学家的实验台。其顶端带有一个水箱，由一条水管控制开关，控制水滴的流量；在下方有咖啡粉存放槽，上面放着一张滤纸，确保水均匀流到咖啡粉的整个表面。在咖啡渣下面有一个陶瓷滤器，防止残渣进入咖啡液，连接着一条

冷泡法能够展现咖啡的
结构层次。

◇◇

成功秘诀

冷泡法

1. 用热水清洗并冲洗器皿。

2. 把滤器浸在热水里以去除异味。

3. 选用浓缩咖啡之类的细幼咖啡粉和一个大咖啡杯，并以 160 克咖啡粉对应 1 升水的比例称取粉量。

4. 在接收装置中调整咖啡粉，并润湿预泡。

5. 装上滤器，让水无法从中流过。

6. 最好选用气泡水，防止咖啡氧化。

7. 在上方壶内注入水，调整滴漏速度（尝试 12、24、36 小时浸泡）。每分钟 30 滴为基本速度。

8. 在浸泡完成后，如果咖啡液过于浓厚，可加入少许清水稀释。

◇◇

外形美观小巧的蛇形管，最底部是一个漂亮的咖啡壶，用于接纳滴下来的咖啡液。笔者建议您始终选用那些由惰性材质制成并尽量减少同氧气接触的款式，以免影响您的咖啡饮料的口感。比方说，木头和玻璃制成的咖啡壶始终散发着微妙的魅力，引人注目，让人赞叹不已。但值得一提的是，冷泡法既然能够出色地展现咖啡的结构层次、质感、香气，那么其中的缺点也一览无遗。如果您并不确定咖啡的品质，那最好避免采用冷泡法。反之，对那些没有缺点的顶级咖啡来说，冷泡法能提炼出高度浓缩的咖啡液。法属留尼汪岛的劳伦娜咖啡或是东帝汶的负鼠屎咖啡（Lacu Ten）经过冷泡法可以获得一种令人惊艳的液体，足以让全世界最好的侍酒师为之痴狂，哪怕是一小杯也能成为各种美味佳肴、绝美甜点乃至最上等餐后酒的良伴。最后，您也可以将咖啡粉装在 Espro® Press 法压壶或咖啡壶里完成冷泡，或是依个人口味加入气泡水饮用。

说起来容易做起来难的浓缩咖啡

为什么很难获得一杯出色的浓缩咖啡？

在很长一段时间内，浓缩咖啡一直是咖啡馆的专利，人们在酒吧和餐厅里饮用浓缩咖啡，已经成了一种仪式习惯。随着 Nespresso® 胶囊咖啡机的问世和在柜台上边喝咖啡边抽烟的传统习惯逐渐消亡，这种仪式也随之消失了，浓缩咖啡失去了昔日的光环。在某种意义上来说，浓缩咖啡有点像甜瓜：好吃的时候非常好吃，不过好吃的时候很少很少，通常总是让人失望。往好处说，酒吧被看作供应咖啡因的药房；往坏处想，那就是"瘾君子"获取足量咖啡因的"吸毒室"。浓缩咖啡的主要问题在于，它看起来很容易调配，实际上却需要熟练准确的技巧。

懂得如何调节压力

浓缩咖啡的原理用一个词就能概括，那就是"压力"（这就是浓缩咖啡外文名里"express"的由来）。在咖啡粉上施加 800~900 千帕的压力——相当于海平面下 100 米处的大气压，可以快速萃取烘焙时浮现在咖啡豆表面的咖啡脂。油类因乳化而形成脂滑感，呈现出奶油状和糖浆状，赋予浓缩咖啡独一无二的效果，其他任何调配方法都无法与之媲美。其浓缩液是如此甘甜，与甜点堪称绝配。不过这种技艺很难驾驭：压力过大或过小都会毁了整个过程。一位优秀的咖啡师能够压出 800~900 千帕的压力，给予咖啡机萃取咖啡时的最佳阻力，而且能够通过咖啡粉颗粒大小、粉量以及压实程度，巧妙掌控各方均衡，确保压力下的水能够均匀通过滤器内的咖啡"粉饼"。一种咖啡的咖啡粉如果颗粒过大，没有完全压实，而且粉量不够，就会形成一种淡而无味的咖啡"洗脚水"。反之，一种咖啡的咖啡粉如果颗粒过细，压实过度，而且粉量过多，那么在相对好的情况下会获得一杯萃取过度、过苦且失去协调的咖啡；在糟糕的情况下就根本流不出咖啡——900 千帕的压力都不足以穿透厚实的咖啡粉墙。所有的奥秘都在于如何掌控压力这种强大的力量。

虽说浓缩咖啡诞生于意大利，而且是意式生活风尚不可或缺的组成部分，但亚平宁半岛并不是保护浓缩咖啡的唯一宝地，咖啡标准化的相关机构、国立组织和众多官方规范也并未在意大利开花结果。美国人，尤其是西海岸的美国人，在 20 世纪 70 年代接触到了浓缩咖啡后，并把它上升到科学范畴，制定了浓缩咖啡宝典、规范、规定以及公理。这一领域的（传统）"圣经"无疑是大卫·休谟（David Schromer）的著作《浓缩咖啡：专业技术》(Espresso Coffee: Professional Techniques)。不过，"哈意族"更喜欢著作颇丰的著名意利家族（Illy）。十几年以来，关于浓缩咖啡的知识明显日见丰富。现如今，全世界大部分的咖啡师和烘焙师冠军都在为全球咖啡学和"咖啡师学"著书立说，每个人都贡献出自己的独门秘籍、法宝和诀窍。目前的发展方向主要涉及精确度的问题。在过去，人们会用咖啡粉把浓缩咖啡的滤器填平（14 克、17 克、19 克或 21 克的标线），用 24 千克的压力把咖啡粉压实，以获得 27~29 秒连贯滴漏。最风行的一种方法是依照咖啡粉的粉量（每杯咖啡中的咖啡克数）和饮料的期待重量（咖啡的密度可借助折光仪测量得到）比例，将滴漏时间控制在 25~29 秒，由咖啡师和咖啡馆而定。测量单位不再是毫升，而是称重所用的砝码。今天最受认可的比例是 1:2（18 克咖啡粉冲泡 36 克咖啡液），但根据咖啡的劲道、烘焙程度、水质、压力变化和水的特性以及所需咖啡类型，可适当提高或降低该比例。咖啡是一种"满负荷的"水，其密度为 1.2（同土壤相近）。也就是说，一杯 30 毫升的咖啡（浓缩咖啡的正常规格）中的咖啡粉重量约为 3.6 克。我们也可以从饮料名称角度来讲：1:1 比例为芮斯崔朵（少量的咖啡粉中注入正常量的水，或者在正常水量中加入双份咖啡粉）；1:2 配比泡出的叫浓缩咖啡；1:3 则为"量够"咖啡（Lungo）。口味具有文化性，所以这一比例在不同国家会存在很大差异。

如何识别一杯好的浓缩咖啡？

· 超浓缩咖啡（300 毫升）的滴漏时间介于 20~25 秒，"量够"咖啡则大约为 30 秒。

· 在整个萃取过程中，以均匀连贯的方式滴漏。

创造咖啡的那些人……

苏莱曼·阿加·马斯塔法·雷卡

苏莱曼（Soliman Aga Mustapha Raca）之所以能够名垂青史，要归功于咖啡、文学作品，还有他外交使命的失败。要知道，这位奥斯曼帝国的大使在奥斯曼同奥地利打仗期间被苏丹王派往路易十四宫廷，意在说服这位法国的太阳王出兵援助，为苏丹王消灾解难。但他的外交使命以彻底失败而告终。

不过，苏莱曼担任大使期间在巴黎主持沙龙，他家中一时冠盖云集，法国宫廷趋之若鹜。法国的达官贵人颇为欣赏他的智慧谈吐，也迷上了他带来的名为"caphé"的不加糖苦味饮料。在这名土耳其人启程回国时，整个巴黎都为之哭泣不已，著名剧作家莫里哀还在他的名作《贵人迷》（Le Bourgeois gentilhomme）中活灵活现地描写了他的"土耳其腔调"。在他之后，亚美尼亚和意大利商人继续在巴黎的大街小巷贩卖"cavpé"饮料。

浓缩咖啡是如此甘甜，与甜点堪称绝配。

◐◐◐

下页图
~
从小到大依次排列的
4 种颗粒大小不同的咖啡粉。
调配咖啡的行家都知道："咖啡粉决定咖啡"，
而且，"每一次调配的咖啡粉都不同"。
有些人意识到了这一点，
在自己家里配置了手动或电动研磨机，
根据自己的需要自行研磨咖啡粉。

·表面出现的咖啡脂（crema）较厚（3毫米左右），必须对咖啡匙真正形成阻力。咖啡脂必须带有深色条纹，而不是呈现出一种均匀的色泽。

如何识别一杯非常好的浓缩咖啡？

·咖啡师当场研磨咖啡。

·对咖啡粉进行称量。

·了解此类咖啡中咖啡粉和咖啡液的最佳比重。

·根据自身的口味和咖啡的类型，调整并核实咖啡的密度。

·咖啡在一定时间内（25~29秒）以均匀连贯的方式滴漏。

·咖啡脂很漂亮，红色条纹对比明显。

·品尝这杯咖啡是一次独一无二的体验。

相反，如果您面前这位小哥只用了3秒钟就把浓缩咖啡给泡好了，里面没有咖啡脂，流动起来就像浇花用的水，那么您还是快走吧，再也别来光顾这家咖啡馆了！

一位好的咖啡师是怎样的？

一位好的咖啡师掌握所有调配技巧，了解咖啡的全部特性和潜质。他可以找到并仅复泡出具有个人特色或符合他工作场所的口味。总而言之，他必定是一位随机应变、心思细腻的大师。

冲泡浓缩咖啡的五大关键

1. 咖啡粉和滤器的充填。

2. 咖啡粉的克数和调配比例。

3. 水温。

4. 萃取时间。

5. 压力和水流量。

浓缩咖啡成功冲泡法第一步：

在选好适合的水以后：

·根据咖啡类型，将水温调节到90~95摄氏度。

·检查咖啡机的压力。

·加入8~10克咖啡粉。

·在滤器手柄上将咖啡粉均匀铺开并压实。

·在20~25秒内完成萃取。

·将300毫升的咖啡液倒入咖啡杯。

浓缩咖啡成功冲泡法第二步：

浓缩咖啡有两大致命伤：萃取过度和萃取不足。萃取过度会因为萃取过慢而导致咖啡浓缩了所有的苦味，香气无法散溢出来；萃取不足则恰恰相反，所获得的咖啡香气不够，口感较酸。在第一种情况下，咖啡脂的色泽很深，就如同咸黄油焦糖一样，有时甚至没有咖啡脂；而第二种情况下的咖啡脂则是白色的。真正的浓缩咖啡显然是介于两者之间的。

不同的流派、潮流采用的方法均有所不同，称量的手法各异，导致业界争论不休。"金杯咖啡"（Gold Cup）试图通过调配比重（咖啡粉／咖啡液）和密度来结束这场论战。某些意大利流派对萃取过度情有独钟，会采用非常紧实的填压法（压力达 24 千克）和细幼的咖啡粉（和水的比例为 1:1.5）；其他流派则倡导一种更快、压实度较小的方法。笔者谨在此简要介绍一下冲泡一杯好的浓缩咖啡的注意事项：

<u>咖啡壶和整套器具的状态</u>。始终不忘检查其状态。如果您的咖啡很苦，请首先查看您的器具并清洗它们：取下咖啡壶的滤器并清洗它。别忘记清洗咖啡机的滤器，把它完全拆卸下来。重点清洗机器的内核，而不是外部。

<u>咖啡粉</u>。咖啡粉是一杯好的浓缩咖啡的一大关键。要想知道咖啡粉是否足够好有许多方法。当您把咖啡粉捏在两指之间，咖啡粉的触感必须是细腻的，不会形成一团小球，也没有颗粒感。另一种方法是在冲泡咖啡时检查咖啡粉的滴漏情况。不过，咖啡调配还和压实度有关，后者会改变萃取的时间。

<u>克数</u>。这一点对于专业人士非常重要，因为它决定了他们的利润。在法国的浓缩咖啡中，咖啡粉的克数可谓是短斤缺两之最——每杯咖啡里仅为 6.5 克。在任何情况下，加入大量的罗布斯塔种咖啡粉都有点石成金的奇效，能够让您的咖啡变得醇厚。意大利的浓缩咖啡里咖啡粉的含量则在 7 克左右。年轻人喜欢重口味，通常会要求在一个杯子加双份咖啡粉，这样总克数就介于 14 克和 21 克之间。

<u>重量</u>。咖啡师会填满滤器。他们会事先称量好咖啡粉，选择咖啡类型和滤器的规格，也就是深度。克数取决于咖啡的密度。咖啡的粉量则主要同平衡度有关。

<u>匀开和压实</u>。基本原则是将咖啡粉均匀填入滤器，否则压实会变得没有意义，因为在咖啡粉里会形成一些水流通道。另外，有一个工具很有用，却少有人知道，那就是"压粉锤"，英文是"temper"，意大利文里叫"pressino"。这个物件很重，其直径同您滤器直径相吻合，带有一个平面或弧形底座。它可以让您加到咖啡粉上的压力达到 15~24 千克，可谓是一场真正的力量考验。某些专业人士认为不必压实咖啡粉，可您只需要品尝一下他们冲泡出来的咖啡就会明白，他们的确是在调配过程中忽略了这个基本环节。

<u>滴漏时长</u>。品味体验表明，20~29 秒是最佳的滴漏时长。

<u>水</u>。在把您的咖啡壶放入咖啡机之前，请预先清洗掉滤器里的咖啡粉残渣并倒空里面可能残留的过热的剩水，这一过程被称为"冲洗"（flush）。

<u>咖啡杯温度</u>。咖啡杯必须是热的，其底部必须比杯沿要热，便于保温并

确保热惰性。

萃取。如果您的机器有预泡功能或者是手动的，那么萃取就分两步完成。依照咖啡的类型，最好在加压之前将咖啡粉预泡几秒钟。对于一杯 50 毫升的咖啡而言，滴漏时间应在 25~30 秒，而且从头至尾必须是连贯均匀的，水流不宜过大。

上杯。如果您把咖啡杯伸到咖啡壶壶口盛取咖啡，那么咖啡液会缓缓地落在陶瓷上面，保持某种醇厚、甘甜和完美的协调度。咖啡脂会覆盖住整个椭圆形的咖啡杯，并浮到表面，同时散发出最浓郁的香气。

一台好的浓缩咖啡机能够进行各种调节

浓缩咖啡机

没有好机器，浓缩咖啡就不值一提。所以年轻人会为了喝一杯好咖啡而慷慨解囊，购买经济实惠的设备。一台优质浓缩咖啡机必须具有下列特点：

· 对咖啡进行相应的水监控：没有积水、热稳定并可根据咖啡类型调节水温（配备多个锅炉）；

· 施压恒定或可调节（压力曲线）：介于 800~900 千帕；

· 拥有均匀的容量测量仪和分水装置，最好是可调节的；

· 由不含重金属的中性材质制成（不锈钢／铜或塑料）；

· 可以调节和调整上述参量。

虽然这些参量看起来很简单甚至显而易见，但市面上出售的咖啡机却很少有符合上述五大特点的，因为要把它们结合起来工艺会非常复杂而且制造成本很高。

就拿热稳定来说吧，它同咖啡机的加热系统有关。在这种情况下，存在多种选择：压力开关或热开关、简单的热交换器或脉冲交换器、独立或双锅炉、立式或卧式锅炉、材质的导热性（不锈钢和铜／塑料）。输送热水的橡皮管和其他管道是像全自动咖啡机那样是塑料、不锈钢还是铜制的，其热惰性均不相同。同样，如果水槽是垂直安装在机器里，那么水槽上部和底部之间的温差会很大。还有，如果热水积在放置咖啡壶的机组内，那么冲泡出来的咖啡永远都很烫……总之，您应该已经明白，咖啡机是一件复杂的工艺品，需要经验来驾驭，成本会很高。这就是为什么在过去很长一段时间内，浓缩咖啡是专业人士的专利，只有他们才会出钱购买此类机器。另外，一台高品质的咖啡机首先必须能让您玩转浓缩咖啡机的五大关键特点。在当前最好的咖啡机上可以进行任何操作，浓缩咖啡也正在被改良。对细节的关注和对温度的掌控是浓缩咖啡机最佳制造商的撒手锏，其中 La Marzocco 和 Della Corte 品牌已经率先改进了机器，推出了带有多个锅炉的咖啡机。每组设备可以调节不同的温度，配合需要萃取的咖啡做出调整。有些由 La Marzocco 的老员工成立的咖啡机品牌，如 Slayer、Van der Kees 和 Synesso，也和如今大多数高端咖啡机一样秉持着同样的信条。

在十年内，咖啡机生产商颠覆了自己的逻辑，推出了灵活多变的新工具，增加了对萃取中各种变量进行调控的可能性，如压实度、流速以及调配比例。几年后，肯定会涌现出更多优秀的咖啡机生产商，而不只是某一家一枝独秀。

这种从水管理到压力调控的最新发展方向，有助于用一种非常有趣和先进的方式来亲近浓缩咖啡。这些新型机器将有助于对每一款咖啡萃取温度做出精确调整，甚至描绘出萃取的"特性"。以下为大体上会形成的效果。

其他调配方法

大众化却难以掌握的那不勒斯翻转壶

只要一提起这种翻转壶，我们的脑海里就会浮现出数千个画面，一缕醇香也会扑鼻而来。我说的当然是全世界最神奇的咖啡壶——来自最负盛誉的咖啡名城那不勒斯的翻转壶。

那不勒斯翻转壶在意大利以外的地方可能没有摩卡壶那么畅销，这也许是因为它的设计较为简单、品质略逊一筹，也可能是因为翻转壶的操作手法更为复杂，需要掌握更多的专业技能。可能只有它的发明者才懂得如何正确使用。尽管如此，这种咖啡壶非常大众化，赢得了那不勒斯人的青睐，成了这座城市的象征。其实，这种咖啡壶并不是一种压力式咖啡壶。如果遵循正确的步骤，它操作起来其实也非常简单。

Hellem、Conayy 以及其他虹吸壶

有一种孩童专有的、曾被世人遗忘的调配方法，如今又再次风行，那就是使用虹吸壶。虹吸壶由两个被称为"空腔"的玻璃球组成，整个仪器看起来很像一个沙漏。过去每个星期天中午，老奶奶们会把它放在桌子上，全家人就围坐着看着咖啡慢慢沸腾。为什么这个老古董在东方国家兜兜转转了一圈后又重新走红了呢？

19世纪初问世的虹吸式咖啡壶是当时欧洲宫廷流行的负压式咖啡壶

◇◇

成功秘诀

那不勒斯咖啡

1. 在水壶里装满冷水；

2. 在滤器里装满咖啡粉；

3. 合上两部分并拧紧；

4. 加热咖啡壶水壶的那一侧；

5. 水开始微微沸腾时，将咖啡壶翻转过来，防止热水上升变为蒸汽，并使沸腾的水穿透咖啡粉。

◇◇

◇◇

创造咖啡的那些人……

艾尔弗雷德·皮特

艾尔弗雷德·皮特（Alfred Peet）并不是本书提到的人物中最著名的那个，但他的人生轨迹很值得推敲。这个荷兰人出生在"二战"爆发前，父亲是烘焙师，学习成绩不好的他很早就帮助父亲打点家族事业。"二战"结束后，艾尔弗雷德启程周游世界。而对这位年轻的荷兰人来说，看起来"既遥远又亲切"的土地莫过于荷兰在爪哇的几个殖民地。在那里他接触到了咖啡生豆，并最终在美国西海岸定居，为一个大型咖啡进口商工作。但他很快就被新大陆饮用的咖啡品质吓到，开始怀念起爸爸冲泡的香醇咖啡，并在 1966 年 4 月开设了一家名为"皮爷咖啡"（Peet's Coffee and Tea）的小咖啡馆。20 世纪 60 年代狂飙突进的风潮席卷了整个世界，包括加利福尼亚，他的咖啡馆很快就成了一大咖啡殿堂。穷得叮当响，却满怀好奇和信念，这家位于 Vine and Walnut 街的咖啡馆成了当地嬉皮士和欧洲移民喝一杯并感受"甜心屋"（sweet home）咖啡的聚会场所。

◇◇

表 2-1　咖啡的变化

	缺乏/减少	增加
浸泡时间变化	增加醇厚度	增加香气劲道
开始时的压力变化	增加酸度和新鲜度	增加咖啡脂
萃取过程中的压力变化	增加细腻感	增加醇厚度和苦味
最后的压力变化	精炼让咖啡更加有滋味	增加苦味

的实用版本。对着一个封闭空腔内的水加热，而这个空腔被连接到一个敞开式的器皿上（开口），从而形成一个压力差，将空腔里的水往开口推动。在开口里的咖啡粉得到浸泡。空腔里的温度一旦下降，咖啡就会被重新吸入。在日本，虹吸壶尤其得到千家万户和广大餐厅的青睐，使用虹吸壶逐渐被公认为高品质的咖啡浸泡方法。请仔细观察这一套连接在一起的上下壶装置。最早的虹吸壶是卧式的（"皇家虹吸壶"，又名"Balanced Siphon"）。空腔和开口在侧面由一根管子连接。那些豪华版咖啡壶的空腔往往是铜制的，开口为玻璃。这套器材在工业革命时代的欧洲风靡一时。此外，工业化程度最高的那些国家开始加以批量生产，尤其是英国于1910年推出Cona牌虹吸壶，而法国则发明出自己的Hellem牌虹吸壶。在英国费顿出版公司看来，这两款形态相近的机器凭借它们颠覆传统的设计，已跻身20世纪最引人注目的物品之林。

自1910年以来，Cona牌虹吸壶历经了许多变化，尤其是采用了20世纪60年代的圆润又充满活力的线条，而其竞争对手法国Hellem品牌的虹吸壶始终保有严格的立式造型。许多品牌如今再度推出此类虹吸壶。在法国传统里，使用Cona牌虹吸壶——我们是这样叫它的——始终是最美观、最让人惊艳的咖啡调配方式。正因如此，那些最关注品质并尊重餐桌艺术的大厨们才会在过去很长一段时间偏爱这种调配方法。那么，这个明星产品又是如何被岁月淘汰的呢？答案很简单：它太占地方，

◇◇

成功秘诀

CONA 式咖啡壶和其他虹吸壶

1. 用干净的热水冲洗滤器、球体和下壶。

2. 根据所需容积，用尽可能热的热水充满球体。

3. 在开口上装上球体。

4. 精细研磨咖啡粉并把咖啡粉放入开口底部滤器上方，每杯咖啡对应一咖啡匙咖啡粉。

5. 点燃球体下方的炉子对水加热。当有蒸汽出现时，将开口的管子装入球体，小心密闭，防止泄漏。水会在压力的作用下上升到开口。

6. 用一把勺子轻轻并均匀搅拌开口处的咖啡粉，彻底浸泡咖啡粉。

7. 一两分钟后，根据个人口味熄灭炉子。咖啡液体会在虹吸作用下被吸入球体内。

8. 取下开口，倒出咖啡液。

注意：有些人会在水上升至开口处时才加入咖啡粉。

◇◇

聚焦

咖啡杯

　　每一种咖啡和调配方法都有适合自己的咖啡杯。这一点在茶、葡萄酒和其他酒精饮料领域里比较明显，在咖啡领域却刚刚起步。人们往往从美观角度选择咖啡杯，却没有考虑到感官愉悦。比如浓缩咖啡和滴滤法所用的咖啡杯就有着不同的标准。浓缩咖啡杯盛放的水量很少，仅为300毫升，60摄氏度左右。其材质必须拥有很好的惰性（如陶瓷），而且散热不能太快（如玻璃）。底部和杯壁必须足够厚，杯沿则薄而圆润以安放双唇，内壁光滑，椭圆形的底部便于咖啡脂浮到表面。最后，咖啡杯的内侧必须在咖啡脂的高度收紧，以便更长久地留住咖啡脂。相反，适用手冲法的咖啡杯中的水温则更高（在70~80摄氏度），没有咖啡脂，所以开口可以纤薄，赋予品尝者以嗅觉上的享受、纯净的质感和香气。这种咖啡杯必须是开放式的，而不是浓缩闭合的。

我们同西尔维·阿玛尔（Sylvie Amar）共同
设计的"醍醐"咖啡杯，
让品味浓缩咖啡成为赏心乐事。
造就僧侣的当然不是僧袍，
但咖啡杯却能让杯中物恣意表达。

上图
~

每一种调配方法都有自己的技巧。
简单易上手的技巧规则能为咖啡增色。
左起依次是：手动磨豆机；
为 Espro® Press 法压壶量取咖啡粉；
为放置在一个电子秤上的
Chemex 手冲滤壶倒入热水；
对爱乐压咖啡冲煮器施压；
欣赏 Hellem 虹吸壶中的浸泡过程；
根据自己的喜好，以"土耳其式"或
"希腊式"在咖啡杯中注入咖啡液。

创造咖啡的那些人……

哈 勒 迪

　　有些传说听起来就像印欧传奇，为人们所津津乐道！无论是葡萄酒还是咖啡，历史总是在重演，总少不了神明的眷顾和动物的指引。有个名叫哈勒迪（Khaldi）的年轻牧羊人，像清晨的露水一样纯真无邪，在公元 850 年的某一天，他发现自己的山羊格外兴奋。有说法是这个年轻小伙子半夜被羊群欢快的叫声吵醒，也有人说当时是正午。不管怎样，牧羊人被羊群的舞蹈给惊呆了，发现它们正在吃咖啡树的浆果和叶子。他采摘了一些果子和叶子，咀嚼起来，对自己的发现沾沾自喜的他带了些果子和叶子给当地的修道士。修道士们像教友一样接待了哈勒迪，并收下了他的礼物。据传说，这些修道士当天晚上的祷告格外诚挚。不管这些修道士吃下的是咖啡树的叶子还是果子，这并不重要，我们可以确定的是，多亏了哈勒迪，那些修道士成了史上最早的咖啡因瘾君子。

玻璃材质相对脆弱，在操作方面需要精确而且费时。在温度高的时候，咖啡会留在上壶内，但火一旦熄灭，咖啡液就会通过滤器进入下壶。经过浸泡和过滤的咖啡液自此可倒出饮用。不过 Cona 如今已变身为 Hario 等其他品牌重新走红，再次为我们带来愉悦。

爱乐压咖啡冲煮器

爱乐压咖啡冲煮器确实具有非常实用的优点：轻便，树脂玻璃材质，几乎摔不坏。但它外形奇丑，就像一个巨大的针筒。看着它会让我们所有的美好想象破灭，但这种冲煮器冲泡咖啡的效果一流。

爱乐压咖啡冲煮器是当今全球一大畅销品，许多咖啡店都有售卖，有些店甚至只卖此类产品，如今甚至出现了许多这种调配方式的竞赛。说不定有朝一日可以用它来烹饪呢！这种咖啡壶成了所有咖啡爱好者的必备品，很多人都会在外出旅行时带上一个爱乐压咖啡冲煮器。

◇◇

成功秘诀

爱乐压咖啡

1. 用干净的热水冲洗爱乐压咖啡冲煮器、塑料滤器和滤纸。

2. 研磨 16~17 克咖啡豆，获得中等细度的咖啡粉。

3. 把爱乐压咖啡冲煮器倒置，放进咖啡粉至压筒密封圈的上方。

4. 倒入 60 毫升水预泡 30 秒，摇匀。

5. 往爱乐压咖啡冲煮器内加入 190 毫升 78 摄氏度的热水。

6. 用勺子搅拌，静置 40 秒。

7. 将滤纸放入塑料滤器并把它固定在爱乐压咖啡冲煮器上面。

8. 将爱乐压咖啡冲煮器翻转过来，朝着您的咖啡杯或适当的容器按压下去。

注意：有些人会在爱乐压咖啡冲煮器还处于水平位置的时候开始按压，还有些人喜欢加入较少的水（共 100 毫升）以浓缩香气，因此甚至会在倒出咖啡液以后再加入清水。

◇◇

摩卡壶、滴滤式咖啡壶以及其他意大利咖啡壶

如果一定要牢记一个咖啡界的明星产品，那么被意大利人称为"摩卡壶"的意大利咖啡壶当之无愧。自它问世以来，已经卖出了超过 3.2

亿个，成为20世纪的标志产品，其精湛的设计别具一格，令人联想起装饰风艺术，但实际上却同意大利未来主义美学更为接近。摩卡壶在咖啡界和意大利的地位就犹如大众甲壳虫汽车在德国的地位，被当时的政府设定为一种面向大众的平民咖啡机。这种咖啡机的三大特点是实用、大众和有序。它的成功要归功于低廉的价格、简单的用法以及永不过时的外形。它的发明者比乐蒂（Alfonso Bialetti）先生想要把铝金属引入咖啡界，其渗滤系统从旧式洗衣机汲取灵感，旨在颠覆那不勒斯翻转壶的传统，让千家万户都有能力冲泡出可以同浓缩咖啡的品质相媲美的咖啡，其设计既符合当时的大环境（腰部收紧就如同一位健美的运动员，遵纪守法，形象高尚），又经久不衰（上下壶均为八角形）。在当时刚刚诞生的广告的助推下，人民大众成为这种咖啡壶的主要消费群体。尽管如此，摩卡壶并不能被视为一种浓缩咖啡机。它冲泡出来的咖啡永远不及浓缩咖啡那么醇厚油腻，因为加在摩卡壶上面的压力仅仅是浓缩咖啡的1/7或1/8。我强烈不建议您现在购买这种咖啡壶，尤其是它早期的款式，因为加热后的铝会进入食物，不宜在厨房中使用。尽管如此，那些铝金属咖啡包还是被继续制造出来，销售数量以数十亿计……

摩卡壶的运作原理是压力下产生的浸滤现象（过滤）。咖啡壶由三个主要部分组成：上下壶和一个由一根导管连接上下两部分、装有咖啡的滤网。加热后的水从下壶进入上壶，同时穿过咖啡粉。只要能避开某些可怕的问题，摩卡壶冲泡出来的咖啡液会很有劲道，口感协调。第一个问题当

> 摩卡壶在意大利的地位就犹如大众甲壳虫汽车在德国的地位。

成功秘诀

摩卡壶

1. 冲洗器具，确保完全干净。

2. 在下壶内注入微微沸腾的水，注意高度不要超过压力阀。如果注入的是冷水，咖啡机乃至咖啡粉的加热时间就会过长。若要冲泡两杯咖啡，传统的配量是300毫升的水对应25克咖啡粉。

3. 在滤器里装满中等细度的新鲜咖啡粉，无须压实。

4. 拧紧上下壶，并把整个咖啡壶放在火上加热。如果您用的是煤气，那么在咖啡溢出导管时就请调小火力。

5. 在水烧开发出第一声声响时，从火上取下咖啡壶，以免咖啡被烧焦。

成功秘诀

黎巴嫩式的……土耳其咖啡！

1. 尽量把咖啡豆磨成像面粉一样细。注意，这道工序需要用到特殊的磨豆机。

2. 为每杯咖啡称取 7 克咖啡粉。

3. 将咖啡粉倒入陶瓷或铜制的赛尔维壶底部。

4. 往咖啡粉注入 70 毫升 60 摄氏度的水。

5. 用金属勺子加以搅拌。

6. 把整个咖啡壶放在火上加热两分钟至几乎沸腾。不要摇匀，不要煮沸，使表面形成咖啡脂。

7. 将咖啡液连同咖啡脂和咖啡渣一起轻轻倒入一个热咖啡杯。

8. 饮用。

然是烧焦，第二个是萃取过度——这很容易发生。另外，请不要使用铝制的咖啡壶，这有害健康，而且使咖啡液产生一种金属味。不锈钢材质绝对要好得多。也不要使用脏的咖啡壶。在摩卡壶的底部常常会看到铝金属同咖啡中的酸发生作用而产生的沉淀物……真是太脏了！最后，请选用底部厚实的咖啡壶。原料的价格不断上涨，在那些厂商手里，铝和不锈钢制品正变得越来越薄，最终的结果就是咖啡壶内部被完全烧焦。

烹煮咖啡，伊布里克壶或赛尔维壶

　　烹煮咖啡通常被称为"土耳其式咖啡"，以纪念那些在西方传播咖啡的土耳其人。在饮用这种咖啡的国家，当地的方言分别把咖啡叫作"伊布里克"（ibrik）、"赛尔维"（cezve）、"kanaka"或"rakwé"。但烹煮咖啡，也就是加热混有咖啡粉的水，这种方法其实同埃塞俄比亚咖啡一样古老……不光是土耳其人饮用土耳其式咖啡，阿拉伯人、希腊人和黎巴嫩人也一样以这种方式煮咖啡。尽管各有不同，但把这种咖啡同婚礼结合起来的习俗在所有这些国家都是相同的。每当待嫁的姑娘冲泡咖啡时，所有人都会仔细观察：如果她能够冲泡出丰富的泡沫——阿拉伯语为"wesh"，她就会被冠上许多好听的称呼，比如"奶油中的奶油"[1]"醇厚和甜美的化身""烧得一手好菜"等；相反，如果她冲泡出来的咖啡没有任何"wesh"，那就是一场灾难。正因如此，当地的年轻姑娘很快就知道，只要在咖啡里加入少许碳酸氢钠就能形成丰富的泡沫，以确保自己婚

1

意为百里挑一。

右页图

~

各种调配方法所用器具：

法国 Hellem 品牌虹吸壶（左上角）；

带有 Kone 牌不锈钢滤器的

Chemex 牌咖啡壶（上中）；

带有滤器的 Yama 牌玻璃咖啡壶（右中）；

爱乐压咖啡冲煮器（右上角）；

意大利式旧款吉乐蒂摩卡壶（左下角）；

Espro® Press 法压壶（下中）；

Hario 牌铜制单人滤杯（右下角）。

聚焦

为水注入活力

活力的概念建立在大自然中观察到的水的运动（dynamo）。一方面，水讨厌直线，永远偏爱曲线——只需观察河床和水汽的流动就能得到答案；另一方面，鱼类既可以和水同步运动，也可以在河流中央一跃几米高。鱼的这种能力并不是来自咖啡因，而是因为水流中的各种作用力形成了旋涡并以闭合、向心的方式集中了能量。

越是接近圆心，能量就越集中，旋转速度尤其是加速度就越大。同直线流动的水相比，涡旋流动的水流速度越快，就会产生出越多能量，并集中越多作用力。这就是为什么我们体内血管里的血液是涡旋流动的，水力发电站的压力管道也是这样的构造。

为水注入活力会增加摩擦力和压力，让水从"死"水的分子结构（单分子或双分子）变成三分子甚至四分子或五分子结构（也就是"活"水），从而重组水的分子结构。

通过这种流动方式，水就变了样，改变了自己的形式，从这种力量中萃取得到的咖啡也因此更具表现力，层次更为丰富，口感更为香醇好喝。

正是出于这个原因，最好的咖啡总是用活性水冲泡的。

右页图

~

呈旋涡状流动的"活"水。
旋涡会把能量集中在中心，提升杯中物的能量。

姻美满。另外还有个土耳其特有的传统——要追溯到包办婚姻的年代——姑娘可以通过咖啡表达对求婚者的态度：在相亲时，只要在求婚者的咖啡里加入盐或糖，来人就会知道自己的求婚是被拒绝还是接受。

在叙利亚，可以从咖啡的香气判断一个人的宗教信仰。黎巴嫩人则喜欢混合多种香气，如橙花、灰琥珀、乳香、香草或是小豆蔻。

埃及的土耳其式咖啡要比其他地方来得浓厚，并可以在浸泡前后根据自己喜好加点糖。这种调配方式的优势在于香气馥郁，而且显示出当地的社会习俗。这些地区的咖啡，同我们熟悉的咖啡完全不同：那里的咖啡比较浓厚，加入了各种香料，口感浓缩强劲，主调是小豆蔻。我认为，这种调配方法的一大历史根源在于：若要把水变为饮用水，那么在饮用前就需要烧开好几次。但是，除了这些卫生要求，如今仍然有几百万人继续饮用此类咖啡，尤其是在地中海的中东地区，并在各个国家和城市，甚至社区，土耳其式咖啡都拥有如此多的变种，这就说明它绝未过时。全球咖啡界的年轻卫士没有看走眼，每年都会组织多次土耳其咖啡壶大赛，正如会有人举办爱乐压咖啡冲煮器大赛一样。

咖啡机大事记

5 个世纪的发明

起源： 继中国人发明茶壶之后，埃塞俄比亚人发明了名叫 "Djebena" 的咖啡壶，他们在这种咖啡壶里可以多次熬煮咖啡。某个地方的人们产生了把热水直接浇注在咖啡上的念头，把已经普遍用在药草和茶叶上的浸泡法用在了咖啡上面，而不再对咖啡进行加热。

1685 年： 法语里出现了 "cafetière"（咖啡壶）一词。

1800 年左右： 贝卢瓦（Belloy）修道士发明了名为 "débéloire" 的第一款滴滤式咖啡壶。

1837 年： 法国人珍妮·理查德（Jeanne Richard）女士率先为她的负压式咖啡壶申请了专利。之后许多实业家竞相效仿，1910 年英国的 Cona 牌虹吸壶（英语名为 "Vacuum Pot"）问世。

1844 年： 路易·加贝（Louis Gabet）发明了平衡式虹吸壶，如今被中国台湾一家公司重新设计推出。

1852 年： 法国人马耶尔（Mayer）和德尔福热（Delforge）为第一台压杆式咖啡机申请了专利。

1884 年： 莫瑞德（Moriondo）的首批浓缩咖啡机于意大利都灵问世，之后有多家公司加以改进并进行工业化批量生产：先是 Bezzera，Pavoni、Arduino 和意利紧随其后。

19 世纪末： 原产法国的那不勒斯翻转壶开始推广。

1908 年： 德国品牌梅丽塔·本茨（Melitta Bentz）发明了滤纸。

1924 年： 马塞尔–皮埃尔·帕盖（Marcel–Pierre Paquet）的压杆式咖啡机问世。

1929 年： 安提利欧·卡利马里（Attilio Calimani）里对压杆式咖啡壶进行了改良。

1932 年： 意大利人阿方索·比乐蒂设计出名为 "macchinetta" 的摩卡壶。

1939 年： 在纽约避难的德国人彼得·施伦布姆（Peter Schlumbohm）发明了 Chemex 牌咖啡壶。

1948 年： 加吉亚（Gaggia）发明了压杆式或杠杆式浓缩咖啡机。

1956 年： 金佰利（Cimbali）发明出适用于浓缩咖啡机的液压装置。

1961 年： 浓缩咖啡机进入寻常百姓家，并配备了一个电磁泵。

1972 年： 第一台全塑料全自动电动咖啡机问世。

1995 年： La Marzocco 品牌用电子调温器代替了浓缩咖啡机上的恒温器。

2005 年： Aerobie 公司发明了设计令人叫绝的爱乐压咖啡冲煮器。

2005 年： Hario 品牌推出 V60 手冲咖啡壶，再造滤杯辉煌。

2013 年： 美国盐湖城的年轻公司 Alpha Dominche 推出混合式咖啡机。

2015 年： 意利和 La Marzocco 公司推出用于咖啡乳化的样机 Firenze。

上页图
~

上：皮耶罗·庞比（Piero Bambi）研制的 La Marzocco 公司 GS 3 型咖啡机的侧面，可以看到泵管和两个锅炉，其中一个用于输送热水，另一个用于传送蒸汽。在意大利佛罗伦萨手工制作。

左下：没有底盖的滤器手柄正在萃取咖啡，这种方法可以保留更多的气体，形成更多咖啡脂。

右下：无论采用何种调配方法，所有咖啡都由烘焙师预先进行杯测。

访谈

皮耶罗·庞比

皮耶罗·庞比是位于佛罗伦萨的高品质咖啡机制造商 La Marzocco 公司的掌门人。

15 年前，他接下了父亲的衣钵，为咖啡爱好者现身说法，让公司得以发展壮大，

其手工制作让人刮目相看。皮耶罗同时拥有智者的才干和实干家的稳重。

在他看来，即使在手冲法时代，正宗意大利咖啡仍然必须是浓缩咖啡。

在 20 世纪 20 年代，您的父亲是如何在佛罗伦萨投入浓缩咖啡机的设计和制作中去的？

皮耶罗：那时我父亲已经完成了技术专业课程，并有了一些从业经验。有个名叫西格·加莱蒂（Sig Galletti）的人联系他制造一种咖啡机，当时意大利北部的伦巴第人和皮埃蒙特人已经开始专业制造这种机器并逐渐垄断了生产。我父亲早先就有过类似的念头，于是很快就制作出自己的第一台机器"Fiorenza"，可惜没有在商业上获得成功。加莱蒂放弃了这一项目，但我父亲决定单枪匹马干一番事业。那是 1927 年，政治和经济大环境都岌岌可危，他创建了 La Marzocco 公司——这个名字来自15 世纪初佛罗伦萨共和国向雕塑家多纳泰罗（Donatello）订制的一件雕塑作品的名字。

La Marzocco 如今已是有 80 多年历史的老字号，见证了浓缩咖啡机的整个历史。公司成立至今实施过哪些重大举措？

皮耶罗：公司创建之初举步维艰，尤其因为当时正是战时，几乎不可能买到钢和铜等原材料。但我的父亲在战争爆发前早已未雨绸缪，设计出一种卧式锅炉咖啡机。在我看来，这无疑是第一项伟大创新。这种卧式锅炉不仅能获得温度均匀的水，其装置的并列排列方式还方便多位咖啡师同时使用咖啡机。

第二大创新在于"混合"输送水的方式，也就是在压力最高为 120~130 千帕的锅炉里用压力输送已加热的水，过渡到用压杆机械化输送水，让压力达到 900 千帕。之后的第三个重大举措就是电动泵的普及，在 900 千帕可调节恒定压力下输送热水。

那你们是如何创新的呢？贵公司不仅创制出卧式锅炉，还有双锅炉。这些创意从何而来？

皮耶罗：就我看来，创新是取得进步的源头。创新不是为了自己，而是为了改进某种机器的使用方式。当我们在名为"erogaziona continua"（简称"GS"）的机器上采用电动泵时，我们意识到，在高温下加热咖啡水不再有用，其唯一的功能只是形成输送水所需的压力。我们因此设计出配备双锅炉的咖啡机，一个锅炉用于烧制泡茶的蒸汽和热水，另一个锅炉的温度则较低，正适合制造咖啡。

一台好的浓缩咖啡机必须具备哪些优点？

皮耶罗：必备的优点之一就是能够调节输送咖啡水的温度，以适应所冲泡咖啡的类型。在机器全速运转或短暂休息时，水温的稳定性也很

◊◊

H

重要。机器的稳定性和便于操作性同样至关重要。售后服务的快速有效也不容小觑。

如何用贵公司的机器冲泡出一杯好的浓缩咖啡？您对当前正在发生的压力、温度、比例等变化有什么看法？

皮耶罗：我认为，意大利语中的4M 法则在技术层面始终有效，分别是：

·混合（Misela）；

·咖啡粉（Macinazione della miscela）；

·机器（Macchina）；

·咖啡师的手法（Mano del barista）。

除此以外，还可以加上一个 M，那就是"机器的维护"（Manutenzione dei macchinari）。

在我看来，一杯意式浓缩咖啡必须是在预热过的咖啡杯中饮用的，咖啡粉的克数根据所选用的咖啡类型、咖啡粉的性质和滤器而定。总容量在 30~35 毫升之间的咖啡的滴滤时间必须在 27~30 秒之间。当然，如果用一个杠杆式的手动操作机器，其萃取时间就会略长，浓缩咖啡的滴滤时间会超过 30 秒。而且，如果使用手动操作机器，那么冲泡速度会放慢。还有两个要点始终不容忽视，那就是注意力要高度集中，尽情展现自己的个性。

世上万事的两大支柱莫过于热忱和投入，正是它们支撑我们以自豪和乐观，也就是正面积极的态度来从事我们的工作。

精品咖啡市场每年以超过 20% 的份额增长，La Marzocco 公司的机器从未如此畅销，可见人们对高品质咖啡和设备的需求正在不断增加。在这个大环境下，贵公司是如何自我定位的？

皮耶罗：老实说，我觉得咖啡的品质出现了显著的下滑，至少在意大利是这样！

我亲眼看到许多消费者为了稀释苦涩的味道，会要求在咖啡里加一点儿奶，或是对拿铁咖啡情有独钟。在这种背景下，胶囊咖啡的成功也就不足为奇。但对品质的追求也真实存在，尤其是那些年轻活跃的咖啡师要求都很高，有着很强的求知欲。谢天谢地，多亏了他们，在很长一段时间内我还能品尝到我们制造的传统咖啡机所冲泡出来的好喝的浓缩咖啡。

认识

了解咖啡

"俄狄浦斯让人惊叹的地方在于，他活在两个世界里：一个是瞎了眼的先知的世界，另一个是看得见的瞎子的世界。第一个被一个死人封印在看得见的世界里，另一个则被觉醒雪藏在看不见的世界里。"

——马克·弗马洛利（Marc Fumaroli）《文坛》（*La République des lettres*），法国伽利玛出版社，2014 年

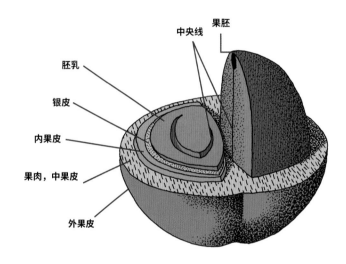

什么是咖啡？

神秘的身世

　　"核果""茜草科""欧基尼奥伊德斯种""品种""亚种""杂交种""突变""渐渗杂交"——所有这些非常抽象的词语对了解咖啡的本质却是必不可少的。因为在成为一种饮料以前，咖啡首先是咖啡树上结的豆子，而咖啡树本身又是从咖啡豆生长而来……那到底是先有树还是先有豆？咖啡和咖啡树又是如何诞生的？尚有许多问题有待解答。且让我们不慌不忙地追本溯源，在伟大的植物学先驱安托万·德·朱西厄先生 (Antoine de Jussieu，1686—1758) 研究成果的基础上把脉络厘清。

　　首先让我们从茜草科讲起，这里面包括生长在热带和温带地区的藤本植物和草原上的小型草本植物。茜草科植物广泛生长在气候温和的国度，如茜草和金鸡纳树。茜草科内共有 600 多属，其中就包括咖啡属。这些属又分成种——从这里开始就变得复杂了。事实上，人们在很长时间

内一直以为咖啡属的总种数仅限于 50 种左右，但目前发现实际上已经超过了 120 种。在这 120 多个品种中，有著名的阿拉比卡和中果咖啡（罗布斯塔）。最后，每个种又分成许多亚种，比如阿拉比卡中就包括铁皮卡、波旁以及瑰夏和卡杜拉，这些亚种各自又生出许多变种，如矮瑰夏、黄铜色尖形瑰夏等。这有点儿像葡萄，大类里会分成葡萄属、欧亚种（用来酿酒的酿酒葡萄及其他）、亚种（梅洛、萨瓦涅、皮诺以及霞多丽），还有更细分的变体（黑皮诺、莫尼耶、灰皮诺、白皮诺等）。

表 3-1　咖啡的身世

科	茜草科
属	咖啡属
种	124种，其中包括罗布斯塔和阿拉比卡
亚种	波旁、铁皮卡、埃塞俄比亚
原生种	瑰夏、卡杜拉、SL28

咖啡的分门别类

阿拉比卡、罗布斯塔和大果咖啡

　　截至 2015 年，登记入册的咖啡属品种已经超过 124 种。目前正在印度洋马斯克林群岛和马达加斯加、东非和中非等地进行的乡间考察，让我们有理由相信这个数字还会继续增加。然而，并非所有咖啡品种都对人类有用。事实上，可供食用的咖啡品种只有四五种，其他的都不适合食用——要么不具备令感官愉悦的特质，要么产量少。真正用于商品咖啡的三大品种是：占全球咖啡总产量 25% 的中果咖啡（Coffea Canephora，其商业名称为罗布斯塔）、占全球总产量 75% 的小果咖啡（Coffea Arabica，即阿拉比卡），以及正在被大肆淘汰的大果咖啡（Coffea Liberica）。阿拉比卡种咖啡来自埃塞俄比亚高原，罗布斯塔则来自科特迪瓦等地、刚果森林以及乌干达，而大果咖啡主要产自几内亚海湾。其他非人工栽培品种遍布整个非洲，尤其是科摩罗和马达加斯加地区。如果说人类起源于非洲之角[1]，那么最早的咖啡树则很有可能出现在中非，也就是如今的喀麦隆、加蓬或是中非共和国的某地。

1
即东非的索马里半岛。

首页图
~
各种咖啡豆混在一起。
有残损、未成熟、受损和腐烂的咖啡豆，各种杂质异物，等等。
一切都可以被采收，一切都可以用来出售，市场定位决定了咖啡品质。
您选购咖啡不再具有偶然性。

聚焦

含咖啡因的咖啡

同茶和可可一样，咖啡与咖啡因（生物碱）及其效用密不可分。

不过，即便非洲的奥罗莫人[1]很早就开始饮用咖啡提神，人类还是直到19世纪初才成功地以化学手段分离出咖啡因。如今，从早产儿的药品到最常见的碳酸饮料，咖啡可说是无处不在，吸引了广大消费者。但值得一提的是，不能单纯地以为咖啡就是一杯含有咖啡因的饮料，或者把它看作一株产咖啡因的小灌木咖啡树。事实上，人类早在1902年就知道马斯克林群岛和非洲某些品种的咖啡不含咖啡因。尽管如此，我们日常饮用的阿拉比卡种和罗布斯塔种咖啡里均含有咖啡因。阿拉比卡中的咖啡因含量在0.5%~2%之间，平均值为1.5%；而罗布斯塔咖啡的咖啡因含量介于1.5%和4%之间，平均值为2.5%。一杯浓缩咖啡中咖啡因的含量往往还不及一杯碳酸饮料！咖啡因具有水溶性，如何被萃取到咖啡杯中取决于烘焙、调配、浸泡时间以及水质。但从商业角度来

讲，咖啡因仍然是抑制消费的主要因素，并构成了商业和研究的主要重心。今天存在着许多处理方法来获得不含咖啡因的咖啡，也就是咖啡因含量低于0.1%的咖啡。其中最常见的二氧化碳处理法虽然对健康无害，却破坏了咖啡的品质；传统上常用的醋酸乙酯处理法最受诟病；而最温和的水处理法，如果所用的不是瑞士水处理法（Swiss Water Process and Water Mountain）则会改变咖啡的味道。除了这些工业处理法，那些天然不含咖啡因的品种和近来在巴西发现的阿拉比卡的变种极具潜力。但是到目前为止，传统的改良方法都失败了。也就是说，最为保险的方法就是纯基因法。我们刚知道，是否含咖啡因取决于咖啡树的DNA排列、介入咖啡因生物合成链各个步骤的酶、咖啡因的基因及其运作。在未来，您将可以喝到一种全新的不含咖啡因的转基因咖啡。而我还是喜欢喝我的劳伦娜咖啡泡制的咖啡，也就是全球咖啡因含量最少的阿拉比卡种咖啡。

1

埃塞俄比亚中人口最多的一个民族。

右页图

~

一株6岁树龄的瑰夏咖啡树。

产量很低，脆弱，根系很浅很少，枝条混乱，果实呈间隔排列。

瑰夏咖啡如今被视为全世界品质最好的咖啡品种之一。

其纤细的外观让人想起野生咖啡树。（巴拿马索菲亚种植园）

护物种的学者们对此并不热心，他们希望咖啡能够像其他植物一样建立真正的"种子银行"。最后，这些举措的资金来源改变了：从前是西方国家，如今则是新兴国家或是咖啡生产国根据各自的发展方针和重心出资。但是问题仍然存在，目前可提供的资源很少，又是为什么呢？

岌岌可危的咖啡？

基因多样性

基因多样性是植物的一种适应能力，也就是一种作物得以延续的首要保障。但幸运的是，这并不是唯一保障。整个 20 世纪的大环境瞬息万变，这些变化在未来的几十年里还会来得更为突然。在 20 世纪 60 年代，人们会选用那些抗冻物种，到了 70 年代则偏爱那些抗锈病且较为多产好光的物种。今天，农民、政府以及市场都忧心较长的干旱期、气温升高以及造成整片果园大量死亡的病害会再度爆发。气候干扰的扩大（炎热、龙卷风、干旱、暴雨等）都会在种植园区域内导致植物遭受重创。而咖啡树等多年生植物以及种植园的适应期则很漫长。霜冻等危险曾经是盘旋在 20 世纪 60 年代的魔影，虽然从理论和统计数据上来看其已经走远，但印度东高止山脉在 2015 年所遭遇的百年一遇的严重霜冻，显示出了气候变化的突发性和不可预见性。可以确定的是，目前的种植区域，尤其是那些受到干旱威胁的区域，很有可能随着气候变化的强烈程度而发生迁移，同时出现转产和品种的多样化。

人类活动威胁下的咖啡：安德烈·卡里尔的经历

安德烈·卡里尔（André）是全球知名的物种改良专家，他将在这一章节中为我们现身说法。他曾动情地向我讲述他亲身经历过一个物种因人类活动而灭绝："我（在咖啡界）首次经历的是科摩罗的某些野生咖啡树的灭绝。在这个群岛进行勘察时，在大科摩罗岛上海拔 600~800 米处的卡尔塔拉火山的森林带里，我们找到了大量这种名为'Coffea Humblotiana'的著名无咖啡因物种。但是人类对森林的开发和林下灌木丛的破坏导致适宜这种咖啡树生长的生态环境迅速缩小，最终造成该物种灭亡。在其他岛屿（马约特岛和昂儒昂岛）上，我们再没有找到这种著名的自生咖啡树，不知它们是否已经灭绝。在昂儒昂岛上，我亲身经历了这座岛上生物多样性的灭顶之灾：那里的人口密度过高，人们深受营养不良之苦，到处种满了粮食，仅有的几片小树林却人迹罕至。其中有片树林

阿拉比卡种咖啡的进化谱系图

茜草科

咖啡属

（124 种，其中只有极少数可食用）

中果咖啡和欧基尼奥伊德斯种咖啡进行杂交	**中果咖啡**	**大果咖啡**

阿拉比卡种咖啡

其中 6000 种为埃塞俄比亚原生树种

埃塞俄比亚野生变种

出口的也门分支：

埃塞俄比亚栽培变种从 7 世纪或 16 世纪开始在也门栽培的变种

波旁　　**铁皮卡**

纯变种

天然突变体
同阿拉比卡种咖啡的配种

杂交品种：
中果咖啡和阿拉比卡种咖啡进行杂交
（帝姆、萨奇姆）

杂交品种：
大果咖啡和阿拉比卡种咖啡进行杂交

杂交品种、纯变种和 / 或突变体之间的多个配种

和 / 或

杂交品种、纯变种和 / 或突变体之间的多个配种

位于这座岛的顶峰，在火山湖边还残存着最后一株奄奄一息的咖啡树，上面已经布满苔藓，好似一位居住在当地的衣衫褴褛的可怜'隐士'。那时是 20 世纪 70 年代初！"

同病害抗争

此外，正如所有病原体都会发生突变来应对人类的抵抗力，病害也会发生进化让来自帝姆杂交品种（卡帝姆、萨奇姆等）的许多抗锈病杂交品种失去效力。这些病害会通过突变而变强以"绕开"植物的天然抵抗力。这些病害具有破坏性：叶锈病会威胁到整个果园，近年来已经摧毁了萨尔瓦多四分之三的种植园。这种锈病在一个多世纪以前曾经彻底摧毁了整个斯里兰卡的咖啡种植业，所有咖啡种植者对此仍然心有余悸。

现在的问题就是咖啡能否成功地克服病害，需要在哪种条件下，需要付出何种代价来克服病害？但值得注意的是，咖啡市价存在不稳定性，近年来较为低迷，咖啡豆的收成也因此受到重创，小种植者无法靠咖啡吃饭，并对此一筹莫展。

**咖啡受到
气候变化的威胁。**

介于投机竞赛和农业问题之间的收益

最后，让经济学家和农学家们感到恐惧的是：即便咖啡界已经成立了国际咖啡组织（Organisation International du Café，简称 OIC）并先于其他产品形成了自己的交易所，可除了巴西和越南等国以外，其收益数十年来几乎没有改变。在 Marsellesa® 咖啡豆之父、法国农业国际合作研究发展中心（CIRAD）专家贝努瓦·贝特朗（Benoit Bertrand）先生看来："近 70 年间，大豆的收益呈双倍增长，棉花的收益翻了三番，玉米的收益更是乘以六，只有咖啡的收益几乎持平。"只有寥寥几个"具有活力的"国家在研究项目和改良种子的传播领域投资。农用工业家和种子商对此深感遗憾：咖啡拖了种子贸易的后腿，咖啡的市价过低，导致中小咖啡种植者必须以 30 和 80 美分的价格购买抗病品种。农学家、官方机构以及工业家提供的方案在很大程度上以基因研究和贸易传播为依托。为此，世界咖啡研究所（World Coffee Research）已于近期成立。

方案

甄选和局限

甄选品种是人类的一种传统做法，但独立甄选必然带有局限性。品种的改良从单纯的咖啡树选择开始，尤其是在也门，嫁接（把口味好的阿拉比卡嫁接到抵抗力强的茁壮的罗布斯塔植株上去）非常罕见，还有就是杂交，如今还会进行体细胞胚胎发生。随着岁月的流逝，人们创造出许多带有特定目的的变种，如纯商业性质的低咖啡因和低产量变种，还有一些则出于农学角度，如抗锈病和植株高度。但从 20 世纪 70 年代起研发出来的变种中只有极少数能够凭借其感官品质征服广大咖啡爱好者。另外，这种改良产业同建立在提高收益基础上的技术化农业密不可分：化学投入、密度的增加、机械化等。而我们知道，这些方法会削弱生态系统并破坏植物。正是出于此等考量，今天的官方主导方向不再像从前那般自相矛盾，农林间作法被视为未来的发展模式。

改变看法和做法

通过在各种纬度对多种类型作物（葡萄、园艺植物、果树）做实验——这也正是我们工作的全部意义——我们相信，农作法是同病害及时间（气候变化）赛跑的最可靠方案。我们固然可以百里挑一，但植物并非独立的存在，而是生长在某一地区（参阅第 217 页《种植》章节）。因此要想办法让植物自身能够发挥适应力，不要忘记植物是具有适应力的！我们只需要回想一下，在埃塞俄比亚的咖啡原产区有着无数种植咖啡的土地。为此，农业理念、对植物的看法乃至整个农业体系都必须相应做出改变。我们特别推崇生物动力农法，但也采用可持续农业、农林间作法、多种植物的混合种植、辅助作物的倍增、在土地上种植合适的品种等做法。总之，所有能够强健生态系统避免其枯竭的种植方法，只要是能够让生态系统和谐持久存续下去的，就是未来永续的发展方案。

右页图

~

卡杜拉咖啡果和一颗带有虫害的生豆。
这种害虫在咖啡豆里做巢，导致咖啡产量
减少、品质下降。

表 3-2　和 F1 杂交的野生阿拉比卡种咖啡

出现和发展时期	演变类型	来源	影响特性	典型种类
20世纪上半叶	自然突变体	铁皮卡或波旁	品质和产量	巨型象豆、蓝山、劳伦娜、卡杜拉、薇拉莎奇等
1940年至1970年	天然杂交品种	波旁和铁皮卡杂交或其他	收益好、易于开发的栽培种	新世界、卡杜艾、SL28
1970年至1990年	渐渗杂交品种	东帝汶特有品种Hibrido do Timor(或中果咖啡)和阿拉比卡	抗病性强、茁壮、收益好	卡帝姆、萨奇姆、Castillo、Marsellesa®等
1985年起	F1杂交品种	埃塞俄比亚野生阿拉比卡渐渗杂交品种(Landrace)	抵抗力强、收益好、品质优、适合农林间作法	肯尼亚的鲁依鲁11杂交品种
2005年	体细胞胚胎发生的F1杂交品种	埃塞俄比亚阿拉比卡+抵抗力强的栽培种	抵抗力增强、产量增加	中美洲的F1或F3杂交品种

聚焦

咖啡的大灾难

咖啡种植曾经历过五次大灾难，彻底摧毁了某些地区的整片种植园。这些病害在单一作物区的杀伤力尤为厉害。

第一种灾害叫"Hemileia Vastatrix"，也就是叶锈病（英文为"Leaf Rust"）。这是一种会让叶片变黄的真菌，阻碍植物进行光合作用。这种病害出现于19世纪末，在20世纪70年代促使多种抵抗力强的咖啡变种诞生。

另一种真菌名叫"Colletotrichum Kahawae"，即咖啡炭疽病，会导致浆果乃至相当一部分作物枯死。尽管这种病害目前只存在于非洲，但专家们预计它会传播到世界其他地区，并已经为此研制出Marselleso®等抵抗力强的新变种。

名为"Hypothenemus Hampei"或是"Coffee Berry Borer"的咖啡果小蠹等寄生虫是一种寄生在咖啡浆果内的常见虫害，可以采用雌激素来捕捉。

另外还有一种名叫"潜叶蛾"（Leaf Minor）的寄生虫会危害咖啡树的叶片和枝条。

最后是咖啡短体线虫。这是一种在土壤里危害咖啡树根系的小线虫。可以通过增强土壤的活力和腐殖土的矿物质阻止这些线虫的生长。

右页图

~

掉光叶子的卡杜拉咖啡树。
某些病害表现为叶子全部或部分脱落，
阻碍咖啡树的能量生成和果实成熟。
顶枯病（Die Back）或是枝条的炭疽病
是营养不良引起的，
在某些情况下则是
锈病的某些极端形态造成的。

上图

~

在玻璃容器里培植 Marsellesa® 咖啡树。
法国国际农业研究合作发展中心同 Ecom 公
司在尼加拉瓜的实验室。

右页图

~

一串成熟的咖啡果。
在巴拿马博克特唐佩奇庄园里已成熟的
黄色波旁咖啡果。

创造咖啡的那些人……

加斯帕·科美林

　　加斯帕·科美林（Caspar Commelijn，1667—1731）是咖啡种植之父，
也是铁皮卡种咖啡在世界范围内早期传播的幕后推手。他出身于植物学
世家，是医学院的成员，也是阿姆斯特丹植物园（Hortus Botanicus）的园
长。他负责对强大的荷兰东印度公司从海外带回的各种热带物种进行盘点
分类工作。在当时，科美林是全球知名的大人物，撰写了 *Flora Malabarica*
（1696）和 *Horti Medici Amstelaedamensis*（1706）等多部著作。作为全球
最负盛名植物园的园长，他接收过第一批进入欧洲大陆的咖啡苗木。他在
种植并培育这些咖啡树的同时，对这些咖啡苗木做了详细的记录，完善了
外来物种适应水土的技术。很快，他就把成功培育出的年轻植株送往荷兰
各个殖民地——从拉丁美洲的苏里南到亚洲的锡兰 ¹。他还极其慷慨地将
一些咖啡树赠送给在莱比锡、伦敦和巴黎的同行。法国国王把收到的这些
礼物视若珍宝，很快就把它们送往法属殖民地，那里从此以后就遍植铁皮
卡种咖啡树。

创造咖啡的那些人······

里奥纳德·劳沃尔夫

多亏埃拉斯姆和托马斯·摩尔的那位名叫里奥纳德·劳沃尔夫（Leonhard Rauwolf，1535—1596）的朋友，西方人才有幸对咖啡有了初步的认识。这位劳沃尔夫先生是博物学家、植物学家和医生，曾在1573年至1576年乘船游历东方，在那里发现了咖啡，并在自己1582年出版的游记里写下了重要的一笔。他记叙道，当地人并不喝酒，却喝一种非常可口的饮料"chaube"。这种饮料"像墨一样黑，有益健康而且能够暖胃"。在当地很早就开门营业的场所内，当地人聚集在一起小口小口地喝着这种饮料。劳沃尔夫接过了波斯物理学家拉杰斯（Rhazès，9世纪末）等东方文人的衣钵，为其他旅行学者开辟了道路，如帕多瓦人普罗斯佩罗·阿尔皮尼（Prospero Alpini，1553—1617）。他还在欧洲推广普及了咖啡词汇，如"chaube""kahwan""canua""cave"。法国人也不甘落后，安托万·加朗（Antoine Galand）于1699年在巴黎出版了他的《咖啡起源和发展史》（*Histoire de l'origine et du progrès du café*），而让·德拉侯克（Jean de la Roque）更是在1708年出版了他的畅销书《旅向也门》（*Voyage en Arabie heureuse*）。

聚焦

咖啡花

花朵让各个时代和各国文明惊艳。

无论是生命之花、信仰之花还是诗人之花，

花朵始终象征着明艳、青春以及最高层次的灵性，也就是纯洁。

经过艺术的渲染，关于花朵的词语比起其他任何一种植物都要来得百媚千娇。作为植物，生命力转瞬即逝，在严寒或干旱期过后短暂盛开的花朵经过授粉得以繁殖，历经生命和死亡，明艳芬芳，散发着香气，提供滋养。作为蜜蜂和风儿的朋友，花朵为蜜蜂提供食物，是空气的朋友，在大地和水的孕育下，自光芒而生。人们闻着花香，采下美丽的花朵，品尝着花瓣，或是把花瓣晒干，或是喝着花茶，或是把花瓣浸泡在水里，或是加以蒸馏。某些花朵被用来制造香水，其他的则成为花草茶。歌德、席勒、斯坦纳以及巴赫这些最伟大的智者把花朵视为生命的道路，是通往看不见的世界的大门。

咖啡花虽然尚不为人知，却已经凭借其柔韧的力量让人为之倾倒。在一株咖啡树上，往往是所有的花朵同时开花——一棵树上数千朵同时绽放，1公顷上面则有数百万朵白花。咖啡花很柔弱，它的生命不超过48小时；也很娇羞，它会在一场小雨后开放；咖啡花还很强大，因为它蕴含着执着，令人目眩神迷。照丹麦著名作家凯伦·白列森（Karen Blixen）的话来说，生活在一片盛开的种植园里，是难以置信的幸运，让我们有机会经历奇妙的时刻，一种极致的自然冲击。这么香，这么白，这么多花蕊正等待授粉……尤其是在这么短的时间内！咖啡花真是纯洁的化身。

右页图

~

一串瑰夏咖啡花

访谈

安德烈·卡里尔

安德烈·卡里尔（André Charrier）可是个大人物，他是全世界咖啡树基因学专家之一。

最了不起的是，有一种咖啡甚至是以他的名字命名的。

他的职业生涯都献给了基因学，献给了人工栽培热带植物的改良，广而言之是献给了农业生物多样性。

安德烈·卡里尔的足迹遍至马达加斯加和科特迪瓦，后来曾在法国教书。

醉心于植物学和生物多样性的他同法国国家原产地名称管理局（INAO）合

作，致力于同土特产有关的旧物种的保护以及原产地名称的监控工作。

有关咖啡的现代基因学研究是如何开始的？

卡里尔：阿拉比卡种咖啡树的种子在巴西种植园里生长出数百万株咖啡树，其数量在 20 世纪上半叶迅猛增长，帮助种植者和种子挑选者识别出了那些"非典型"植物。这些自然突变体具有一些有趣的特点，比如小型咖啡树卡杜拉、巨型象豆、咖啡因含量低的劳伦娜、黄果铁皮卡等。自 20 世纪 60 年代以来，除了农学家 / 种子挑选者的传统研究工作以外，我还参与了在非洲进行的咖啡树种大型盘点和研究工作。这一生物学手段大大地推动了人类对咖啡树的发源、演化、种类以及生物学的认识，对物种间的杂交可能和农学意义特点的基因学增进了认识，如对病害的抵抗力等，但也不仅限于此。

也就是类似于咖啡的"诺亚方舟"，并对生物多样性进行盘点？

卡里尔：是的，从某种程度上来说是这样。植物学家从 18 世纪起就已经开始了此类盘点工作。最近的勘察工作首先在埃塞俄比亚进行〔20 世纪 60 年代粮农组织（FAO）和法国海外科技研究所（ORSTOM）所进行的勘察工作〕，从当地自生的阿拉比卡种咖啡树着手。埃塞俄比亚的研究者们从那时起一直继续着此类采集样本的工作。法国的热带研究部门（法国国际农业研究合作发展中心和法国海外科技研究所）还进入中果咖啡的整个原产地（从几内亚到乌干达）进行采集，并积极致力于在科特迪瓦、马达加斯加和喀麦隆维护采集到的标本。因此，当我于 1968 年在马达加斯加首次为法国咖啡、可

可研究所（IFCC）工作时，我有幸参与了法国国家自然博物馆在马达加斯加进行的野生咖啡树采集工作。当地的咖啡树以不含有咖啡因而闻名。现在马达加斯加研究所共珍藏有 50 多种马达加斯加咖啡的地方性代表品种。

如今我们在改良物种的时候寻求的是什么？

卡里尔：改良的目的出于以下两点考量：一个同咖啡树在其生长环境中的表现有关，另一个就是咖啡的品质。

能否重点谈一下咖啡产品的研究？

卡里尔：咖啡饮料品质的改良并非易事，因为品质的客观标准很复杂，涉及成分、香气、口味等。最简单的情况是把含量视为一种可识

别的生化复合物。就拿咖啡因来说，不同的咖啡树所含的咖啡因含量是已知的。同样，咖啡生豆中的其他几种主要成分（糖、氨基酸以及脂类）都同烘焙时的香气发展和固定有关。还有同绿原酸有关的苦味也是如此。但如果我们关注香气特点，那么情况就较为复杂，因为香气的评估需要用到比较复杂的分析法，由一组品测师做出评价。咖啡的这些感官特点的决定性因素一方面取决于本身的基因，另一方面也有赖于咖啡树的种植条件和产地的外界环境。所以说，咖啡中糖的含量同植物中碳的新陈代谢有关，受到气候条件的制约，如平均气温、昼夜温差、海拔，另外还有果实生长期的影响。咖啡的加工技术起到一定作用，其他的品质打分标准也深受欢迎，例如用于制造速溶咖啡的可萃取干物质含量。可以想

象，对品质进行评估并非易事，并不能只看咖啡的基因。

对咖啡在全世界的未来您有什么担忧？

卡里尔：在中期没有什么可担忧的。在过去一个世纪里咖啡的产量和消费量都稳步上升，预期其消费量还会继续上升。这是一个重大趋势。另外，工业制作的商业化咖啡种类多种多样，比如有所谓的精品咖啡和认证咖啡。但是对如此多的品牌、认证及其宗旨则存在许多争议。然而，这种有利咖啡的大环境处于一个危机四伏、风云多变的世界，世事难料。目前我最担忧的还是非洲咖啡种植业的现状。由于咖啡价格的下跌及许多咖啡生产国政局的不稳定，那里的咖啡种植业在数十年间迅速衰落。对于当地几代农民培育出来的植物物种的未来，

我们目前正处于一个关键时期。目前，这种生物多样性只是因某些文化、社会因素而得以延续。就拿喀麦隆、埃塞俄比亚以及肯尼亚来说吧，在当地，咖啡树是一家之主财富的象征。尽管如此，最近十年里，几个利基市场在发展时结合公正贸易，同时不忘提高原产优质植物品种的身价，为整个咖啡领域的未来提供了些许希望。

了解

几个世纪的咖啡史

"咖啡的三个时期对应的正是现代思潮的三个时期，它们见证了启蒙时代的重大时刻。阿拉伯的咖啡甚至在公元 1700 年以前就暗潮涌动……很快（1710 年至 1720 年）开启了相对便宜的大众化印度咖啡一统天下的局面……随后是来自加勒比海圣多明戈（今海地）的浓烈咖啡，饱满、醇厚、滋养，还很提神醒脑，催生出 18 世纪的成熟期，也就是百科全书派的辉煌时期。布丰、狄德罗、卢梭都曾喝过咖啡，并把它的温度注入自己炽热的灵魂中去，把它的光泽投射至卧虎藏龙的普罗可布咖啡馆的先知们锐利的目光中去，在这种黑色饮料的深处预见到了即将到来的 1789 年法国大革命的曙光。"

——儒勒·米什莱（Jules Michelet）《法国史》（*Histoire de France*）第十五卷第八章《摄政》

从原产地埃塞俄比亚到热带世界

咖啡的摇篮 —— 埃塞俄比亚

让我们乘坐时光机回到过去，以更好地认识咖啡，追本溯源地了解我们喝的这种饮料从何而来、是怎么来的。尽管很难想象，可在种植园有意识大规模种植以前，咖啡树是在野生的状态下自行生长的。植物学家认为，咖啡树出现在大约 40 万年以前，在植物大家族晚期才出现。

所有的历史学家、生态学家、植物学家、考古植物学家等各学科专家均一致认为：咖啡的摇篮在埃塞俄比亚，更确切地说是位于该国西南部。咖啡树在今天奥罗莫人居住的亚的斯亚贝巴西部的卡法地区大量生长。可是，虽说"谁是喝咖啡的第一人"这个问题引起了各种争论、传说和揣测，却很少有历史学家真正去探究这个问题，可能是因为缺少方法和见证吧。许多狂热的咖啡爱好者绞尽脑汁想要知道《圣经·创世记》和《伊利亚特》里众多的行吟诗人中，究竟是谁最早提到了咖啡。他们想要证明，咖啡的出现是多么久远，西方人是多么需要让自己的日常生活和品位闪耀出昔日的光环。准确无误地确定人类是何时爱上咖啡的，却是一个巨大的挑战。在最先引用到的《圣经》和《伊利亚特》里就曾谈了一种浆果制的黑色饮料……咖啡的潘多拉盒子就是在此处开启的！各种对咖啡

章首图

~

在咖啡树上自然风干的咖啡果。

在采收最后，人们会让咖啡树上那些没有被摘掉的果子掉下来。

某些地区的人们很晚才开始采收，让咖啡果在果树上自然风干。

这是干式处理法的一种新类型。

瘾的推测应运而生，更有人不遗余力地把以斯帖、拉结以及诗人荷马同他们最喜爱的饮料联系在一起。但是在专家们看来，尽管地中海沿岸广大居民很早就习惯食用炒谷物，其中包括咖啡出现前的代用品炒大麦，但在中世纪末期以前并没有饮用咖啡的记载。也就是说，在希腊人的猪笼草、所罗门的催情饮料、尼布甲尼撒的早餐、克利奥帕特拉的澡盆以及恺撒的酒杯里都不曾出现咖啡因的踪迹。无论是在"三王来朝"的记载中，还是在荷马热情洋溢的诗篇中，伊本·西那智慧的文字里（他没有把原产自印度北部的辣木籽同咖啡豆搞混），苏格拉底的哲学中，赞美伟大巴比伦的颂歌里，甚至是阿拉伯的医书和食谱里，在中世纪末期以前都不曾提到咖啡。只有近期在今阿联酋境内的古实城遗址中发现了烘焙过的阿拉比卡种咖啡豆，就此可以推断：咖啡是自 12 世纪起才被销往埃塞俄比亚以外地区的。所以说，咖啡在人类历史上是一种非常年轻的饮料，其出现远远晚于啤酒和葡萄酒，却比后两种饮料更为流行。

这种植物很晚才得到重视，却陪伴了埃塞俄比亚人数千年，这在我们看来可能比较怪异。但与其追究埃塞俄比亚人直到中世纪末期才开始利用咖啡树的果实，还不如试着去了解他们是怎么发现咖啡用途来得有意义。那么奇怪了，咖啡树又是怎么突然获得当地人的青睐的呢？

中国的影响……

其中的一大重要诱发因素是同中国、中国的饮茶客及其穆斯林的接触。我们可以说，是中国人发明了一切！据我们所知，在 15 世纪初，中国的郑和就曾七次出海，最远曾到达也门亚丁及阿拉伯半岛。他们促成了贸易交流：用中国的瓷器交换当地的药材。凭借他同当地人民和宗教群体的多次接触，郑和及其同伴很可能推动了茶叶在阿拉伯国家尤其是也门的传播。事实上，中国穆斯林喜欢喝茶，因为茶叶能够提神醒脑，帮助他们在夜间连续多个小时进行祷告。但整个船队离开以后，当地的茶叶库存终告枯竭。也门人和埃塞俄比亚人痛苦地发现，茶树在麦加、亚丁乃至非洲之角都无法生长。于是他们计上心头，找到了另一种可以用来浸泡饮用的植物，那就是咖啡树及其树叶……

咖啡在人类历史上是一种非常年轻的饮料。

咖啡起源

是谁灵机一动采用当地可以找到的植物来效仿中国人饮茶，正史里并没有记载，但在人们口耳相传的故事里提到了某个名叫杰曼拉丁·艾布·穆罕默德·本赛德的人物。你们听说过他吗？没有？那好吧，他就

◇◇◇◇◇◇◇◇◇◇◇◇◇◇◇◇◇◇◇◇◇◇◇◇◇◇◇◇◇◇◇◇◇◇◇◇

先驱人物

咖啡之父

奥罗莫人：埃塞俄比亚西部的一个民族，有咀嚼、食用并饮用咖啡叶和咖啡果的习惯。

哈勒迪：发现咖啡因具有提神兴奋功效的牧羊人。

郑和：中国商人。他在 15 世纪把饮茶的习惯带到了伊斯兰国家。

杰曼拉丁·艾布·穆罕默德·本赛德（Gemaleddin Abou Muhammad Bensaid）：在 15 世纪时，可能是他从中国茶叶中汲取灵感，将浸泡咖啡叶的做法加以推广。

欧麦尔·阿尔·夏第里（Omar al-Shadili）：苏菲教派某一支的创立者，第一位咖啡烘焙师。

巴巴·布丹（Baba Budan）：第一位在印度种植咖啡的人。

里奥纳德·劳沃尔夫（Leonhard Rauwolf）：在《旅游纪实：在地中海东部地区，主要是叙利亚、犹地亚[1]、阿拉伯半岛、美索不达米亚、巴比伦尼亚[2]》（*Relation du voyage*）一书中描写咖啡，成为第一位在著述中提到咖啡的欧洲人。

阿德里安·范奥默伦（Adrian van Ommeren）：1696 年成为第一位在爪哇岛种植铁皮卡种咖啡的欧洲人。

杜弗斯纳·达赛尔（Dufresne d'Arsel）：于 1715 年率先在留尼汪岛种植波旁种咖啡。

◇◇◇◇◇◇◇◇◇◇◇◇◇◇◇◇◇◇◇◇◇◇◇◇◇◇◇◇◇◇◇◇◇◇◇◇

是"始作俑者"——如果说我们现在喝咖啡上了瘾，那他就是"罪魁祸首"。杰曼拉丁是一名非常虔诚的苏菲派教徒，在郑和及其随从们远航时，他正在也门亚丁。满怀好奇和虔诚的他经常去拜访那些从中国远道而来的教徒，并在教事活动上多次品尝到了中国茶的风味，见识到了茶叶提神醒脑的功效。随着年龄的增长，杰曼拉丁成为当地伊斯兰教的首领人物，他在每次祷告前都会沏上一壶茶。由于缺少茶叶，他就用咖啡树的叶子来代替。他将咖啡叶用火烘干来泡茶，称为 "Kati"（Kotea 或 Kish'r）；新鲜叶子来泡茶的则名为 "Amertassa"。杰曼拉丁从此流芳百世。他那阿拉伯穆斯林的身份在很大程度上解释了他对咖啡的着迷，因为咖啡及其贸易、传播和饮用在非洲之角同宗教信仰以及伊斯兰教息息相关。但如果深入探究一下，我们就会发现，和这个假想出的杰曼拉丁同时代的埃塞俄比亚西半部的奥罗莫民族并非阿拉伯人也不是穆斯林，当时他们早就在饮用阿拉伯茶[3]及咖啡叶浸泡的液体了，他们白天会花上很多时间咀嚼咖啡叶加脂肪做成的小球和饼块，也会吃新鲜的咖啡果。虽然并不是杰曼拉丁发明了食用咖啡叶的法子，但他可能是把中国人同奥罗莫人的习惯相结合的第一人。阿拉伯人当时占据了埃塞俄比亚东部地区，经常同奥罗莫人打交道……埃塞俄比亚东部城市哈勒尔在好几个世纪里都是该地区的商业重镇，是"黑非洲"同阿拉伯非洲之间的某种中转站。在当时贸易的许多"货物"中，排第一位的是奴隶。哈勒尔及其所在地区的居民邦加人专门从事奴隶买卖。在同奥罗莫人接触并把他们当作奴隶买卖的过程中，阿拉伯邦加人可能学到了咀嚼咖啡的习惯。在某些植物学家看来，奥罗莫人被捉住时可能身边还带着咖啡叶及在他们家乡天然生长的咖啡树的幼苗。咖啡树和咖啡叶就这样从哈勒尔出发，传播到了邻近的也门，并可能在朝圣者的帮助下，传到了苏菲派教徒和商人们手中。也就是说，咖啡来自奥罗莫人，但其传播要归功于阿拉伯人——首先是邦加人，其次才是苏菲派教徒。这就是浸泡咖啡的大致历史，但并不是咖啡史。

那么，咖啡豆和烘焙又是怎么一回事呢？这就要归功于另一位著名的苏菲派教徒阿尔·夏第里，他继承了杰曼拉丁的衣钵并建立了史上最大的苏菲派团体之一。似乎他在阿尔及利亚等国家一直备受尊敬——在那里的柜台上要一杯咖啡，只要叫声"夏第里"就行了。这位名人可能曾在穆哈居住，也就是著名港口城市摩卡。同葡萄酒、面包、艺术等一样，所有讲述阿尔·夏第里的历史性大发现的说法都建立在构成印欧起源传说的公认说法上面。有一种版本说的是烘焙诞生于夜间祷告的路上；另一种则说是在流亡时出现的；第三种说法是在一次祷告中，大天使加百利传授了这种植物的秘密。咖啡就如同许多加工产品一样，是来自异国他乡的馈赠：睡眠、异乡人、精神冥想。受到神启的咖啡是神圣的，就如同所有的食物和饮料一样，更不用说所有那些参与祷告的人了。

在这些传说故事以外，找到液体咖啡饮用第一手证据的考古学家们最近展开了一场论战。那么是在哪里呢？在也门西部的宰比德。什么时候？大约在 1450 年。不过你们放心，他们并没有找到一个中世纪的冰箱，也没有挖出一个正在火上沸腾的咖啡壶。他们正对一种名叫"madjur"的小碗进行研究，这种容器被苏菲派教徒在宗教庆典上用作礼器。在庆典开始前，信徒们会传递一个碗，每个人都会就着碗口喝上一口。从这些"madjur"小碗的造型、尺寸和图案上面可以明显看到中

也门及其港口在很长一段时间内曾是咖啡的中转站。

◆◆◆

创造咖啡的那些人……

巴巴·布丹

　　就如同 16 世纪印度南部马拉巴尔海岸上的众多印度商人一样，巴巴·布丹也离开了家乡印度前往"阿拉伯乐园"（今天的也门）经商碰运气——当时的也门垄断了整个咖啡贸易。如果巴巴·布丹没有在自己的背囊里带回几颗——据说是颇具象征意味的七颗——珍贵的咖啡种子，他本来可能只是一个名不见经传的普通人。他回到印度种下的这几颗种子让印度成了继也门之后种植咖啡树并接纳咖啡饮料的第一大国。某些人曾试图在印度迈索尔邦寻找这些最早被种植在印度的咖啡树的直系后裔，但据笔者所知，他们至今仍未找到。巴巴·布丹的故事说明，尽管我们常常忽视印度咖啡的品质，可印度是最早生产咖啡的国家之一，无论是在历史层面还是产量方面都是咖啡大国。然而，印度咖啡的产地和种类多样，在替代农业方面也颇为活跃，是未来咖啡种植业的一个珍贵宝库。

国陶瓷茶具的影响（又是中国！），又一次体现了郑和在该地区的活动印记。传递杯子共饮的习惯的形成，足以说明在海斯小城曾存在过制碗活动，而且很快就开始生产个人用的碗，从而见证了咖啡进入千家万户的历史过程。

继往开来的也门

也许在我们看来，埃塞俄比亚和也门是两个文化和民族迥然不同的国家，可这并不是历史的真相。首先，哈勒尔和亚丁等大城市在几个世纪里都是商业贸易重镇，更为重要的是，这两国的东部从过去至今始终是"伊斯兰地区"，非穆斯林是很难领会这个概念的。因此，这两国之间的差异可能比埃塞俄比亚国内各民族之间的差异来得要小。亚丁湾两岸的接触、航行和交流众多而且从未间断。就拿这些神秘的苏菲派教徒来说吧，他们自然而然地带着咖啡频繁造访对岸国家。这些地区的产品及哈勒尔的产品，咖啡豆和叶子从塞拉港被发送到摩卡港，并在摩卡港做筛选，可能还用沸水浸泡杀菌以便长期储存，最后被贩卖至整个阿拉伯半岛。该类贸易持续了几个世纪。

在很长一段时间内，也门及其港口发挥着商业重镇和今天的中央集市的作用；之后在 1550 年左右，纳斯穆莱得山（Nasmurade，今名 Nakil Sumara）两麓，在飞法（Fayfa）同亚斐（Yafi）之间，塔伊兹和伊卜[1]之间都种满了咖啡树。这种喜阳的全新作物引发了一场真正的社会、文化和环境地震。从莫卧儿王朝统治下的印度到非洲的马格里布地区[2]，在日益增长的需求的推动下，咖啡的种植得到显著发展，人们成群结队地来到这些原来人迹罕至的山区定居。农民们在山坡上开垦出梯田，建造起了密集节省的灌溉渠，从无到有发明出实现收益最大化的种植技巧（包括播种繁殖、苗木培养、石栏上栽种等）。从那以后，也门人走进山区生活，咖啡也开始在非阴凉处生长，这种现象值得注意。而对于咖啡的起源和渊源（血统）始终存在诸多争议，其中还混杂着民族主义的重要因素。

现在且让我们理顺一下来龙去脉。最常见的观点认为，咖啡是从埃塞俄比亚出口到也门的。从植物学来说，可能是来自哈勒尔卡法地区的野生咖啡树后来被移植到亚丁湾的对岸。另一种观点则认为，也门当时已经拥有本地的咖啡树种，其种植在 16 世纪中叶得到发展，后来成了今天著名的马塔莉以及其他原生咖啡。如今我们知道，从基因学角度来讲，咖啡发源于埃塞俄比亚，但过去很长一段时间人们对此莫衷一是。唯一可以确定的是，也门已经成为咖啡贸易第一大国。来自埃塞俄比亚的咖啡被运往

1
均为也门城市。

2
非洲西北部地区。

下页图
~
同环境融合在一起的咖啡树景观。
卡杜拉种咖啡幼株。
（哥斯达黎加的萨尔塞罗区）

1
今叙利亚北部。

2
过去曾统治埃及和叙利亚的国家。

也门的摩卡港，然后同当地咖啡豆混合之后再出售。整个阿拉伯世界的商人们沿着丝绸之路或是从沙特的吉达港经水路远道而来。在短短的几十年内，也门在咖啡产量上超过了埃塞俄比亚。摩卡港不再是唯一的进口港，而是成为一个面向全球的出口港，来自越来越多产区的也门咖啡受到青睐，实质上取代了埃塞俄比亚的野生咖啡。也门这种对咖啡种植和贸易的垄断一直持续到 18 世纪初，后来荷兰人和法国人先后在各自的殖民地普遍种植咖啡树。

在短短的几十年内，也门取代了埃塞俄比亚。

❀❀❀

大洋彼岸

无论是也门还是伊斯兰教最早期的圣城之一——埃塞俄比亚的哈勒尔，均吸引了众多朝圣者纷至沓来。那么，一个朝圣者会做什么呢？如果他生活捉襟见肘、远离尘嚣、跋山涉水、历经千难万险去朝圣，就一定会带旅行纪念品回家，这些纪念品一定是他此番"脱胎换骨"的见证，是所经之路的圣物。体积小、重量轻、价格低廉的咖啡无疑成为这些朝圣者归途中的最佳良伴。同广大商人、苏菲派教徒以及其他旅行者一样，这些朝圣者中在无心插柳中可能成为咖啡饮料在阿拉伯世界的最早传播者之一，也促成了咖啡在非阿拉伯国家的种植。据我们所知，饮用咖啡的习惯在 15 世纪末以前就已传到麦加。由于当地人把咖啡同"qawba"（阿拉伯语中意为"讨厌的"葡萄酒）搞混了，自 1511 年起，当地总督哈伊尔贝伊就下令在圣城查禁咖啡。这一禁令的推行还由于咖啡在当时同政府无法控制的集会场所联系在一起，所以被视为一种"魔鬼的饮料"。但这种禁令恰恰凸显出当局对咖啡热的无奈。1516 年，奥斯曼帝国在达比克[1]战役中战胜了马穆鲁克王朝[2]的军队，真正推动了咖啡的传播和饮用。咖啡贸易欣欣向荣，各条商路变得更为安全。渐渐地，咖啡进入了整个阿拉伯-土耳其世界，尤其是开罗和伊斯坦布尔等重要首府。

欧洲人首次接触咖啡饮料

随着奥斯曼帝国的扩张、也门贸易的兴盛以及威尼斯等欧洲中世纪城市航海活动的展开，欧洲人得以首次接触到了咖啡，他们不只从咖啡发源地埃塞俄比亚和也门进口咖啡，还在位于这两个国家北部的地中海沿岸的叙利亚阿勒颇和埃及开罗等城市获取咖啡。1574 年，也就是咖啡树被引进也门后不久，欧洲人里奥纳德·劳沃尔夫在他的《旅游纪实》一书中首次提到咖啡，但这本书直到 17 世纪末才被出版。威尼斯植物园的创立者普罗斯佩罗·阿尔皮尼（Prospero Alpini）紧随其后，他的《埃及

右页图
~
经过烘焙的某种埃塞俄比亚原生咖啡豆。
埃塞俄比亚是阿拉比卡种咖啡的摇篮，
拥有 5000 多种咖啡。
其中许多可繁殖品种被保存在
世界各地的研究所，
比如法属留尼汪和哥斯达黎加的
国际热带农业研究与高等教育中心。

植物》（*De Plantis Aegypti*）于 1592 年在威尼斯出版，书中对咖啡等首次引进欧洲的植物做了描述。

咖啡进入欧洲

从亚丁到摩卡

为了了解咖啡在伊斯兰世界以外地区的传播，就不得不谈到两件大事：奥斯曼帝国的崛起和东印度公司的创立。事实上，咖啡最初是在奥斯曼帝国领土和欧洲各国之间传播的。从 16 世纪起，威尼斯人和意大利人就听说过有一种"黑色的浸泡热饮"。在 16 世纪和 17 世纪之交，多个国家成立了东印度公司，如荷兰和英国。随后从 1610 年开始，首批欧洲商人抵达摩卡港，前来寻找这种传说中的豆子，希望能够发笔横财。利欲熏心的冒险家、商贾和海盗争先恐后地来到也门寻找发财机会。最早来的一批人中有个名叫约翰·乔丹的英国人，他于 1608 年抵达亚丁，并从亚丁港开通了前往摩卡港的贸易航线。荷兰人紧随其后，彼得·范登·布鲁克带着第一艘满载咖啡生豆的船只于 1616 年回到阿姆斯特丹。这一创举让荷兰人在 1660 年掌握了咖啡贸易的垄断权，并在长达一个多世纪的时间里确立了自己咖啡第一大国的地位。以彼得罗·德拉·瓦莱（Pietro della Valle）为代表的威尼斯人也不甘落后，从 1615 年起就在意大利半岛开始咖啡豆的贸易。

这些零星的贸易活动在几年后发展成为有组织的正规贸易行为。从 1640 年起，咖啡贸易在荷兰正式起步，紧接着在 1660 年英国伦敦也开始了自己的咖啡贸易。当时上流社会流行喝咖啡的风气带动了咖啡贸易，早期饮用咖啡的场所也应运而生。

威尼斯

威尼斯当时和奥斯曼帝国共同垄断了贸易，因此深受东方习俗影响。早期在此贩卖咖啡的是一些流动商贩，也就是水上摊贩，后来被名为"Caffè"的饮用土耳其饮料的社交场所取代。1645 年，欧洲第一家咖啡馆"Bottega del Caffè"在威尼斯开业，之后咖啡馆遍地开花（到了 1700 年已超过 200 家！），其中最著名的要数弗洛里亚诺·弗朗西斯科尼（Floriano Francesconi）于 1720 年创建的金碧辉煌的花神咖啡馆（Le Florian）。

右页图
~
左：传统手工晾晒咖啡的简陋台子。在传统做法中会直接在地面上晾晒咖啡。巴拿马天然咖啡。
右：在地上直接晾晒咖啡，地上铺着一层篷布或是涂上水泥。经过水洗处理的尼加拉瓜羊皮纸咖啡豆。

法 国

在阿尔卑斯山脉的另一边，法国马赛的水手们称霸海上，将马赛变成了通往东方的大门和欧洲最大的咖啡进口港之一。早期东方学学者、去往中东的旅行家们在旅途中带回了传说中的咖啡豆。让·德拉侯克可能是第一个喝咖啡的法国人——从1644年起，他就邀请自己的朋友及沿途结识的地中海沿岸的居民一起用土耳其的方式品尝咖啡。但是咖啡到了巴黎以后才真正深入千家万户，从而走出了亚美尼亚人和旅行家们的小圈子。让·德拉侯克有个名叫让·德·戴丰乐（Jean de Thévenot）的亲戚非常熟悉中东文化，在1657年接触到了咖啡豆及其冲泡方法。在他们的倡导下，咖啡是如此大获成功，以至于形成了一股潮流。收藏家和药剂师们纷纷购买咖啡，为了提升品味体验，他们甚至还会雇用一些熟悉咖啡、茶叶和巧克力的意大利蒸馏师。从一开始，咖啡就以一种艺术形式出现，需要运用某方面的专业技能。当时掌握这门技艺的人士还不叫"咖啡师"，而是叫"蒸馏师"或"亚美尼亚人"。

1

法国画家，擅长描绘温馨的家庭场景。

2

法国静物画大师，擅长描绘阿拉伯王宫的后宫。

3

又名《一千零一夜》，其第一个印刷版本并非
阿拉伯文，而是法国东方学家、古物学家加
朗于 1704 年至 1717 年间出版的法文译本。

从那时起，文学作品就开始充分发挥想象力，称颂这种新奇的琼浆玉液，为咖啡冠上了各种名号，有 "kavé" "cavé" "cava" 等。律师叙布利尼于 1666 年发表的诗作《宫廷的缪斯》（*Muse de la Cour*）成为首部赞美咖啡的文学作品。他在诗中描写咖啡"能够在转动一颗念珠的时间内治愈一年也治不好的病痛……"随后又提到了这种新商品的来源："这是一种阿拉伯的琼浆，或者说是土耳其的。在东方人人都喝它……它到了意大利、荷兰和英国，大家都见识到了它的好处。随后这个城里的亚美尼亚人把它带到了法国……"

所以说，当时万事俱备，只欠东风。此时，苏丹特使苏莱曼·阿加来到法国，为了劝说太阳王路易十四在奥斯曼帝国同奥匈帝国的对抗中放弃中立立场。这位特使在家中大摆咖啡沙龙，成为当时巴黎的大红人。整个上流社会趋之若鹜，谈论着这种阿拉伯饮料的神奇之处。特使灵活的交际手腕不仅让女士们倾倒不已，绅士们也不例外，一群漂亮的地中海奴隶用一套精美的瓷器为广大宾客奉上醇厚的黑色咖啡，还不忘放上一块方糖。对这种出于其他（政治）意图的咖啡外交的成功，历史学家儒勒·米什莱曾写道："这些穿着波纳尔[1]式样时装的美丽女士们欣赏着自己面前小巧的咖啡杯，闻着来自阿拉伯的细腻咖啡的香气。她们在聊什么呢？从画家夏尔丹[2]笔下的阿拉伯王宫的后宫到 1704 年出版的《天方夜谭》[3]中苏丹式样的发髻，她们诉说着凡尔赛宫里的烦闷，心中向往着东方的天堂。"

就和所有外交使命一样，苏莱曼的巴黎之行终有结束的那一天，却给所有人留下了深刻印象。自此，从 1671 年起，首批"咖啡之家"开始供应"阿拉伯饮料"，而亚美尼亚人更是做起了专门买卖"bunchum"咖啡豆的生意。其中最受欢迎的地点据说位于巴黎市中心的沙特雷，然后是左岸的圣日耳曼市集，在那里有一个名叫哈欧西昂（Harouthioun）或是帕斯卡的亚美尼亚人，接连开了几家咖啡馆都惨淡收场，最后不得不离开巴黎去了伦敦，生意这才红火了起来。帕斯卡虽然远走他乡，却是在巴黎开咖啡馆的第一人，而且培养了许多继承人，其中就有著名的普罗科比欧。普罗科比欧并不是唯一在巴黎开咖啡馆的人——因为当时有许多家"咖啡之家"。但当时喝咖啡并不需要有固定的店面，因为威尼斯商人走街串巷卖咖啡的习惯从意大利跨越阿尔卑斯山传到了法国。最擅长冲泡咖啡的要数地中海人，他们是最早一批咖啡服务员，其中有几个名字流传至今，包括约瑟夫、阿勒颇的艾蒂安、康蒂等。

到目前为止，只有苏莱曼·阿加短暂的外交之行获得了成功，将咖

右页图

~

一株瑰夏咖啡树。
这种原产埃塞俄比亚的原生树种近年来
征服了整个精品咖啡界。
从外观和较少的产果量来看，
这株咖啡树不是栽培种。

114

啡抬升到上流社会的大雅之堂，而帕斯卡和其他亚美尼亚商人的顾客群主要还是异乡人和旅行家。直到 1689 年，一个名叫弗朗西斯科·普罗科比欧·狄·科泰利的意大利西西里人灵机一动，创立了第一家高级咖啡馆。他的普罗可布咖啡馆大获成功，引起同行尤其是亚美尼亚人竞相效仿。后来咖啡传进法国国王的宫廷，事情就变得更为错综复杂起来。事实上，大约在 17 世纪末，法国宫廷对咖啡的态度分成了两大阵营：第一阵营以多才多艺的塞维涅夫人[1]为代表，对这种新饮料抱持着欢迎接纳的态度；另一阵营则恶意排斥，认为咖啡兴奋的功效对人体机能和社会有害。两大阵营有关咖啡的政治和医学论战后来终告停歇，这要感谢一个名叫莫宁的医生：他灵机一动在咖啡里加入了糖和牛奶，风靡全球的牛奶咖啡就这样诞生了。

当时欧洲某些国家的首都都竞相仿效路易十四宫廷，所以法国绝对不是唯一一个喝牛奶咖啡的国家。

大事记

咖啡

公元 12 世纪之前： 没有任何文字记载和考古发现证明人类曾食用咖啡。根据传统说法，奥罗莫人和邦加人是最早食用并饮用未经烘焙咖啡的民族。

12 世纪： 在古实（今阿联酋境内）发现了最早的烘焙咖啡的考古遗迹。

15 世纪： 宰比德出现了关于咖啡食用的最早文字记载，苏菲派教徒有传递并共饮一杯咖啡的习惯。

15 世纪： 也门和阿拉伯半岛南部的居民开始食用和饮用咖啡。

16 世纪初： 咖啡贸易由苏菲派教徒传遍了整个伊斯兰地区。

1515 年： 麦加出现了最早查禁咖啡的法令，恰恰体现了咖啡在该地区的成功。

1543 年至 1550 年： 也门人开始种植咖啡树。

15 世纪至 17 世纪： 也门垄断了咖啡贸易乃至咖啡生产。

1615 年： 继可可（1528 年）和茶叶（1610 年）之后，咖啡由荷兰人传入欧洲。

1645 年： 欧洲最早的咖啡馆开业，其中包括威尼斯著名的波特家咖啡馆（Bottega del Caffè）。15 年以后，这种黑色饮料传遍整个西欧。

左页图
~

经过烘焙的劳伦娜咖啡豆，
是非洲之角以外最早的自然突变种之一。
从也门引进的咖啡豆在法属留尼汪岛的
火山土壤中生长并发生突变，
如今由岛上的劳伦娜合作社培育。

英国是咖啡大国。

◆◆◆

维也纳

曾遭到土耳其人长期围困的维也纳从侵略者那边学会了喝咖啡和吃羊角面包。羊角面包的造型别具特色，象征着被围困的维也纳人对穆斯林围攻者的反抗；而咖啡则更具文化传递的意味，就如同一种从土耳其习俗中获取的战利品。当时有个名叫格奥尔格·弗朗茨·科奇斯基的大旅行家很了解敌方喝咖啡的习俗，在敌后方偷到了咖啡豆，加以烘焙用作奥地利获胜的象征。1683 年，带奶油的浓缩咖啡——维也纳咖啡 2 就此诞生，很快风靡整个欧洲。

德国和伦敦

从 17 世纪 70 年代起，咖啡馆在德国各大城市遍地开花。就连著名作曲家巴赫也写下了歌颂咖啡的《咖啡康塔塔》，成为这种黑色饮料走红的明证，也折射出它给日耳曼乃至整个欧洲社会带来的震动：老派人士喋喋不休，对这种从东方引进的未知饮料的反常功效持警惕态度，新派人士则成为咖啡的狂热爱好者。

而"背信弃义的阿尔比恩" 3 则见证了最非凡、对比最鲜明的咖啡发展。一直到 17 世纪中叶，英国东印度公司还在努力追赶荷兰和威尼斯。由于在咖啡贸易中称霸的意图落空，英国在几年后把其关注和努力的重心转移到茶叶上面。英国政府出台了多项法令，各方面也做出了多种努力，试图说服英国人喝茶而不喝咖啡。咖啡饮料和咖啡馆当时在英国非常流行，在伦敦能和啤酒和啤酒馆抗衡。这种含有咖啡因的非酒精饮料成了英国当局心头的一根刺，以至于从 1675 年起，英国国王查理二世下令关闭那些自由党人和革命分子聚集的咖啡馆……当时克伦威尔已经过世，"光荣革命"已经打响。这种活跃、交流、思想交锋的精神一直都是咖啡馆精神，而劳合社 4 的故事更是这种议事精神的明证：这家咖啡馆很快吸引了广大水手和商人前来边喝咖啡边交流海上见闻，并逐渐发展成为海上保险公司。同人们脑海里的刻板印象不同，英国人不光喝茶也喝咖啡，就算到了 21 世纪初也始终是咖啡大国。

美国各州

然而，茶叶颠覆了英国在美洲的殖民格局。凭借东印度公司对茶叶的垄断，到了 18 世纪下半叶，英国成功地将原产于亚洲的茶叶和它的茶点文化推广至所有殖民地。喝茶很快成了英国统治及它对海外殖民地压迫的象征。

美国独立战争的关键事件——波士顿倾茶事件（Boston Tea Party）就是殖民地人民反对英国政府对殖民地茶叶征税而采取的反击。这种反征税行动很快发展成拒绝喝茶的行为。拒绝喝茶、饮用咖啡成为传达出强烈的政治信号的行动，成了独立的象征。由此一来，在不到 20 年间，人均饮用咖啡的数量增加了 6 倍。此外，美国的所有开国元勋和独立战争中的重要人物都喝咖啡，都喜欢聚集在美国最早的咖啡馆之一"绿龙咖啡馆"（Green Dragon Tavern）。他们聚集在一起不只是为了品尝咖啡，更是出于战斗精神！

到了 18 世纪末，欧洲在短时间内就成了饮用咖啡的首善之地，咖啡不再是伊斯兰国家特有的饮料。咖啡的传播特点同样出现在咖啡各种品种的种植上面。很快，"也门—埃塞俄比亚"垄断的局面即将被打破，咖啡的种植将遍布全球。

访谈

弗雷德里克 · 德拉科拉瓦

40 年以来，农学工程师弗雷德里克（Frédéric Descroix）一直在
法国农业国际合作研究发展中心为咖啡的现状和前途而积极努力。
在非洲各地和美洲海地工作多年以后，他如今全身心地投入拯救那些濒临灭
绝的古老品种的行动中去，其中包括法属留尼汪岛的劳伦娜。

在您看来，优质咖啡应该是怎么样的？

弗雷德里克：一种优质农产品，除了必须是健康未变质的，其种植和加工过程还必须遵循环保实践规范，让生产商能够体面地以此为生。在我看来，如果这种咖啡的感官特性能够为消费者提供愉悦和惬意，那么它就是一款优质咖啡。

优质生产的基本步骤是什么？

弗雷德里克：要想获得一种优质的产品，有很多生产步骤且它们相辅相成。

首先，必须采用可持续农业规范，对质量的要求先于产量。

其次是采收。这是一道基本工序，因为一杯咖啡的口味和香味取决于采收到的咖啡果的成熟程度。

采收和加工的间隔时间也很重要，两者最多相隔 5~6 小时，以免发酵失控，产生不良味道。

我们还要完全掌控发酵过程，因为发酵一不小心就会产生不良味道，让咖啡变得难以下咽。

另外，悉心周到的机械加工能够有效筛检出那些会降低咖啡品质的带有缺陷或密度不足的咖啡果。

最后当然要加入烘焙及良好的感官评测，并能够根据每批咖啡的口感特点加以区分，从而为消费者提供多种多样的产品。

怎样才能采收到一颗成熟健康的果实呢？

弗雷德里克：采收一定要手工逐颗摘取，因为在同一串果实中每颗咖啡果的成熟度都不一样。在这种限制下，每个工人每小时最多采收 5 千克咖啡果。这种做法虽然对咖啡农来说成本很高，却是保证咖啡芳醇的唯一途径。

那么对于咖啡制造，您有没有什么独门秘籍？

弗雷德里克：好咖啡不是制作出来的，而是生产出来的。它是植物原材料、土壤、气候以及人类专业技术的结晶，是各种不可抗因素和可掌控因素结合在一起的产物。品质源于咖啡田，加工工序只能或多或少地表现出产地原生品质因素。

正因如此，我们必须在每块微小区域对种植法和加工工序进行相应调整和掌控。最后，为了正面回答您的问题，我的独门秘籍是敬业的咖啡农。

您推出了一种全新的咖啡种植法，在留尼汪岛上种植尖身波旁。从零开始开辟出一块优质的种植园需要多久？

弗雷德里克：如果说，优质咖啡是植物原材料、产地以及人类实践做法结合在一起的产物，那么想要生产出优质的咖啡，生产者和加工者就必须一丝不苟地秉持专业态度，我将这种态度称为"爱恋"或是"对产品痴迷"。

也就是说，一旦我们找到了一个敬业的工作者，开辟一片优质种植园的时间就取决于这个工作者通过比较并实践各种专业知识和技术以获得优质产品的态度，这就是所谓的"态度决定速度"。

在留尼汪岛，我们精选优质咖啡品种，同时结合适当的种植和加工方法，花费了整整七年的时间，才推出我们旗下的卓越产品。

对您来说，咖啡的未来将是怎样的？

弗雷德里克：在讨论咖啡的未来之前，我想谈一下目前存在的两种产品：一种是我们喝的用来提神醒脑、促进消化和抗氧化的普通咖啡，还有一种就是除了能带来上述生理功效，还能够凭借味觉品质满足广大消费者需求的特级咖啡。第一种咖啡有全球资金作为支持，正在不断壮大中。由于发展中国家大量的小型咖啡农无法继续依靠咖啡贸易生存，第二种咖啡正呈现颓势。如果这种趋势继续下去，那么咖啡就会失去其作为口味多元产品的主要特性，那些咖啡产区也是如此，这种饮料的主要吸引力——愉悦和温馨的感受也会因此被人们遗忘。到了那时，咖啡就会沦为食品

甚至是药品。

您作为咖啡生产商的梦想是什么？

弗雷德里克：我希望咖啡贸易的收益能够被该行业不同环节以公正的方式分享，让咖啡农能够劳有所得。我还希望能够消灭所谓的"公平市场"，这种做法尽管会给咖啡农一笔津贴，但条件是以低于成本的价格来购买他们的产品。这个价格往往还不到消费者购买价的5%！

您的担忧是什么？

弗雷德里克：我担忧的是我的梦想只能是梦想，永远也不会成为现实。我担心广大小咖啡农会在巨头的压力下销声匿迹。而只有这些小咖啡农生产出来的口味多元的咖啡才是我们这些咖啡爱好者的最爱。

追寻

咖啡传播的轨迹

多亏有了荷兰人，欧洲才开始种植咖啡树。这些荷兰人从摩卡港将咖啡树带到了巴达维亚，又从巴达维亚移植到阿姆斯特丹植物园。

——安托万·德·朱西厄

大洋彼岸

咖啡树的传播

印度半岛

人工培植咖啡树成功以后，也门人就在整个地中海盆地周围乃至其他地区开展了咖啡贸易。最早一批咖啡出现在欧洲的维也纳、威尼斯，随后是巴黎和伦敦。摩卡从一个小小的避风港摇身一变成为国际大港，欧洲大国很快意识到可以在各自的殖民地种植咖啡树。因此从 18 世纪末开始，整个热带地区就逐渐被郁郁葱葱的咖啡树所覆盖。

以巴巴·布丹为代表的诸多印度朝圣者开始在亚丁湾和非洲之角以外的地区种植咖啡树。一直到 1680 年，也门人都没有察觉到他们对咖啡的垄断已经受到威胁。这是因为，印度咖啡产量尚不足以满足一两个世纪以来习惯饮用这种黑色饮料的当地精英阶层的需求，也门人似乎也并未把印度当作一大威胁。

荷兰革命

真正的威胁出现在几年以后，而且这威胁并非来自印度朝圣者，而是来自正在征服世界的欧洲人。传说 1680 年或 1690 年的某一天，荷兰总督一声令下，荷兰东印度公司从也门人手里盗取了几株尚具繁殖力的咖啡树。对自己的赃物沾沾自喜的荷兰人首先在有"皇冠上的明珠"美称的盛产香料的爪哇岛广泛加以种植，然后又把它们带到了亚洲殖民地（尤其是在 1700 年将咖啡树引进锡兰种植）。植物学家曾推敲过这个美丽传说。在他们看来，荷兰人并没有从也门偷取咖啡树——因为也门人一旦发现这种偷盗行为，就再不会把咖啡卖给荷兰人。这种小偷行径实际上发生

章首图

~

已去除果肉的咖啡果。

无论是干式处理法还是湿式处理法，咖啡果在清洗后都会通过机器去除果肉。随后，要么送进发酵池发酵（湿式处理法），要么摆在太阳下晾晒（干式处理法和蜜处理法）。此时的咖啡果质地黏稠，闻起来就像印度的栗子。本图中的这些咖啡果还带有果皮残余，这就意味着去果肉机没有经过正确设置，可能会引起发酵异常。

在印度，在印度奇克马加卢尔地区马拉巴尔沿岸，巴巴·布丹所在的山区。阿德里安·本·欧文 1696 年在爪哇岛种下了第一株咖啡树，成为第一个种植咖啡的欧洲人。荷兰人确信咖啡贸易有利可图，就大力鼓励当地土著人在尚未开垦的山区种植这种宝贝。和在也门的遭遇一样，咖啡的引进从深层颠覆了整座爪哇岛的种植环境和风景。

1706 年，爪哇岛总督向荷兰国王和阿姆斯特丹植物园进献了几株咖啡树。这些咖啡树被养在温室里，由伟大的植物学家加斯帕·科美林悉心培育（参见第 94 页《加斯帕·科美林》），后者对此展开了科学记述。咖啡树在荷兰的早期培育获得全面成功。从 1718 年开始，荷兰就开始贩卖爪哇岛产的咖啡。自那时起，咖啡的生产和贸易重心就开始倾斜，荷兰东印度公司把阿拉伯商人给比了下去，阿姆斯特丹战胜了摩卡港，爪哇岛取代了也门山区。荷兰对咖啡的垄断一直持续到一个世纪以后，直到巴西雄起方才告终。

加斯帕·科美林的研究及荷兰人的尝试证实了咖啡是完全可以在热带殖民地生长的。从此，当时属于荷兰的圭亚那（今天的苏里南）在这一时期迎来了最早一批的咖啡树，并在 1714 年至 1716 年成为美洲第一个生产咖啡的国家。直到 1860 年，爪哇岛仍是最大的咖啡产区之一。18 世纪初，荷兰共和国创造了全球首屈一指的咖啡品种：铁皮卡。从小小一株咖啡树起家，荷兰人将咖啡带到了全部荷属殖民地及世界其他地区。

荷兰送给战后欧洲的礼物：铁皮卡种咖啡

但更为惊人的是，荷兰人将科美林培育出来的咖啡树赠送给欧洲各大植物园，比如伦敦和莱比锡，法国国家植物园也不例外。《乌得勒支和约》结束了法国和荷兰两国的交战，阿姆斯特丹有个名叫潘纳斯的市长将一株咖啡树赠送给了法国炮兵部队一位名叫德·雷松的爱好植物学的中将。法国从此获得了第一株咖啡树，法国植物学家安托万·德·朱西厄从而得以追随荷兰先驱的步伐对这种植物展开研究。

对于 1706 年在法国马尔利落户的这株咖啡树的命运有多种揣测。有人说不谙此道的法国人并没有获得科美林的真传，这株植物很快就枯死了；还有人认为，恰恰相反，这株咖啡树不但开出了花还结出了第一批果子。不管怎样，我们能够确信的是，路易十四和他的继任者希望国家植物园里的这些咖啡树能够在法国殖民地开枝散叶。但事情并没有如此简单。法国咖啡史同样见证了各国公司的一番厮杀，而法国国王也希望能够在咖啡贸易方面赶超荷兰和英国。

大事记

咖啡贸易港

在几个世纪里，随着咖啡产地和主要消费区域的变化，咖啡贸易港口的位置从一个大洲转移到了另一个大洲。

14 世纪至 18 世纪：摩卡、阿法赫蒂湾、开罗。

18 世纪中期：马赛、阿姆斯特丹。

19 世纪中期至 20 世纪：桑托斯、新奥尔良、汉堡、布埃纳文图拉（哥伦比亚）。

20 世纪至 21 世纪：新奥尔良、安特卫普、上海。

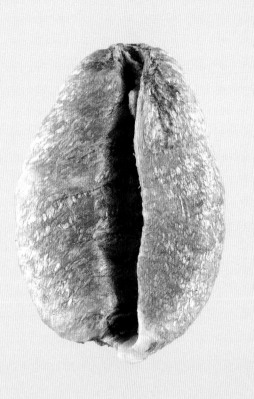

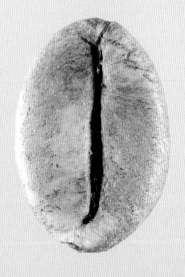

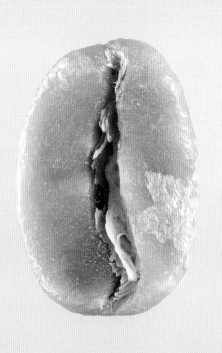

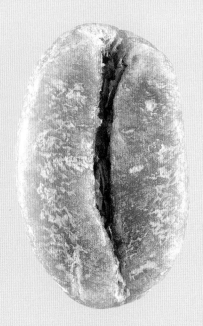

1

位于南北美洲大陆之间加勒比海中的群岛。

2

波旁岛即现在的法属留尼汪岛。

3

法国古里，1 法里约合 4 千米。

4

位于加勒比海，是法国的一个海外省。

上两页图

~

早期咖啡品种

左上：大果咖啡生豆和烘焙豆，

是平原地区取代阿拉卡咖啡豆种植第一个

替代品种，如今几乎已经绝迹。

左下：罗布斯塔种咖啡生豆和烘焙豆，

是阿拉卡种咖啡最广为传播的替代品种，

生长在平原和低纬度区域。

右下：留尼汪岛的劳伦娜咖啡生豆和

烘焙豆，是离开非洲并传至世界的

也门第二大原生品种（仅次于铁皮卡）的

天然变型体。

右上：摩卡咖啡生豆和烘焙豆，

原产埃塞俄比亚，

是也门最为古老的品种之一。

可能是波旁或铁皮卡种咖啡的始祖。

咖啡在法国的传播与波旁种咖啡的诞生

从 1702 年开始，为了把精力主要投入美洲，东印度公司把印度洋的贸易垄断权移交给了圣马洛公司。两大公司的竞争对咖啡在法国的传播起到了推波助澜的作用。出于明显的物流考量，法国国王和东印度公司都希望能够在欧洲邻近地区或是在安的列斯群岛 [1] 种植咖啡；而圣马洛公司则倾向于在离欧洲大陆较远的波旁岛 [2]（相距 2600 法里 [3]，而安的列斯群岛距离欧洲大陆仅 1200 法里）种植咖啡。但在两次尝试以后，还是圣马洛公司占了上风。第一次尝试虽然以失败告终，但创意很好：1709 年，有个在岛上工作的名叫阿尔当库尔的人发现了一种名叫"毛里塔尼亚咖啡"（*Coffea Mauritiana*）的地方品种。经过几年的培育，其咖啡树产出的第一批咖啡豆在 18 世纪 20 年代初被运到法国。这种咖啡的口感很苦涩，在习惯饮用咖啡的欧洲人那边却碰了一鼻子灰，从此被弃之一旁。第二次尝试要归功于纪尧姆·杜弗斯纳·达赛尔。他在 1715 年从摩卡酋长那边得到了几株咖啡苗。这个幸运儿没有按惯例把这些植物送到皇家植物园，而是装上自己的船只"狩猎者"运到了波旁岛。胆大心细的杜弗斯纳成功地在岛上培植了 25 株咖啡树。但他也曾经同灾难擦肩而过：由于这些植物习惯了也门的气候和土壤条件，它们刚到新环境时很不适应。到了 1719 年，也就是引进这些咖啡树的四年后，就只剩一株存活了！波旁咖啡的历史原本可能在这里戛然而止，但此时的圣马洛公司一心想要强势掌握咖啡贸易的主动权。就在这一年，存活下来的咖啡树得到大规模的繁殖，其后代被派发给当地人。在这股热潮中，圣马洛公司还鼓励欧洲大陆的贵族和资产阶级前来留尼汪参与投资咖啡，积极为他们提供土地和奴隶。波旁种咖啡就这样诞生了，而且很快就部分取代荷兰铁皮卡种咖啡，之后又取代了当时也在加勒比海地区种植的法国铁皮卡种咖啡。

"安的列斯群岛的目标"

然而，圣马洛公司的成功并不意味着他们放弃了"安的列斯群岛的目标"。安的列斯群岛距离欧洲大陆更近，人口更多，进出交通更为便利，从贸易角度来看，是个更为理想的选择。1716 年，植物学家伊桑贝尔带头发起了第一次探险考察。他随身带着三株来自皇家植物园的铁皮卡种咖啡苗。但不幸的是，他刚抵达马提尼克岛 [4] 就病故了，他预期的尝试也因此夭折。18 世纪 20 年代初，加布里埃尔·德·克利将几株咖啡苗装上了船。从 1726 年起，岛上收获了第一批咖啡豆。咖啡种植园逐渐取代了那些被飓风摧毁的可可树。四年以后，当地就向法国本土出口了第一批咖啡豆。

早在这次成功之前，法国人就迫不及待地把这个未来的宠儿传播到了自己位于加勒比海的其他殖民地上，比如圣多明各[1]和瓜德罗普岛[2]。在当时欧洲大国的农业资源博弈中，咖啡贸易是一颗重要的棋子。荷兰人无疑率先打响了这场贸易战，法国人也紧跟其后。从 1730 年起，不甘落后的英国人也加入了这场战役，在牙买加开展咖啡种植。西班牙人也起而效仿，于 1748 年入驻古巴。在短短不到 30 年间，这些岛屿几乎种满了咖啡树。

咖啡树进入美洲大陆

幸好有当时的官方资料保留至今，显示出咖啡树引进到美洲大陆的轨迹，尤其是在法属圭亚那的足迹，要比在马提尼克岛的经历清楚得多。例如，法国海事委员会的档案显示，当时的荷兰总督曾拒绝赠送咖啡苗给法属圭亚那，但有个名叫弗朗索瓦·莫格的人曾为了逃避法国政府的抓捕躲到荷属圭亚那地区，几年以后他用几株在荷属圭亚那培植的咖啡苗来换

1
即现在的海地。

2
法国位于加勒比海东部的一个海外省。

下图
~

左：尼加拉瓜 Ecom 公司的咖啡储藏室。
在发送前，羊皮纸咖啡必须先在这里储存
几星期，也就是"静置"（reposo）一段时间。
在去除羊皮纸（huilling）以后，
咖啡将被装在另一种颜色的咖啡袋里发送给
客户。
仓库的规模可能大到出乎你的想象。
右：一名搬运工站在储存咖啡豆的仓库里。
咖啡的加工过程中会产生许多粉尘，
所以必须佩戴口罩。

数字里的咖啡史

咖啡市场

　　咖啡的种植已经遍布全球，而且这种饮品很快并长久地赢得了自己的一席之地。大致来说，1720年全球咖啡产量为90吨，且主要产自爪哇岛；50年以后，咖啡尚未进入中美洲，当时的产量已经超过320吨，其中安的列斯群岛和留尼汪岛占了很大一部分；又过了50年，也就是在1820年，咖啡产量呈井喷式增长，全球贸易额达到了9万吨，也就是1770年的280倍！这主要归功于迅速崛起的巴西。到1900年，咖啡产量更是达到了前所未有的96万吨。全球市场的两大领头羊是法国和德国，这两个国家从1850年起分别进口了50万袋和100万袋咖啡豆，也就是3万吨和6万吨。尽管德国仍然是欧洲第一咖啡进口国，但美国很快就跃居全球第一咖啡进口国和消费国。由于新晋咖啡大国的崛起，这种态势在未来几年里将出现改观。

阿拉比卡种咖啡在近 20 年内的全球产量

资料来源：国际咖啡组织（ICO）

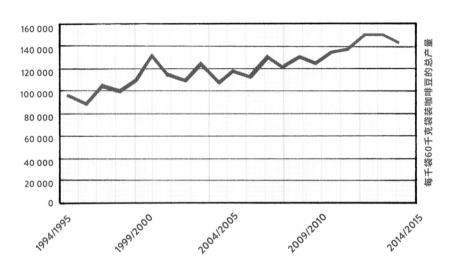

取法国的恩赦。咖啡树就这样来到了法属圭亚那。

显然，只在两个"圭亚那"种植咖啡树的情况并没有持续多久，咖啡树很快传播到了中美洲和拉丁美洲的其他土地上。咖啡进入巴西可是一段漫长的故事，以至于我们并不知道咖啡是如何称霸巴西的。有些人认为这要归功于法属圭亚那总督夫人（参见第 201 页《总督夫人和帕列塔》），而其他人则认为这是方济各会修士何塞·马里亚诺·德·康塞皋·维罗索的功劳（参见第 158 页《神父和修士》）。咖啡进入中美洲和拉丁美洲其他国家并没有遵循同样的轨迹，而是在较晚的时候才沾了光：1740 年进入洪都拉斯，1760 年进入危地马拉，1779 年进入哥斯达黎加，1794年进入哥伦比亚，1825 年传入较为遥远的夏威夷群岛。

18 世纪是咖啡传播的黄金时代

1750 年，在欧洲大国的推动下，咖啡种植得以遍布四大洲。如果说咖啡的传播是伊斯兰化的产物，那么咖啡树的种植则借助了殖民化的一臂之力。从食品地缘角度来看，拉丁美洲、加勒比海地区和中美洲曾是许多畅销品种的原产地，比如番茄、玉米和甘薯，咖啡的传播却逆向而行，是从非洲传播到全世界的。

左页图

~

带羊皮纸咖啡豆在罩布下晾晒和储存，根据等级和品质会有多个步骤和工序。（Ecom 公司在尼加拉瓜的生产基地）

下两页图

~

结着成熟咖啡豆的瑰夏咖啡树的枝条。（巴拿马博克特唐佩奇庄园）

没落和复苏

奴隶制的终结及其对海地的影响

在不到一个世纪里，欧洲殖民地夺走了埃塞俄比亚和也门在咖啡市场上的地位，全球咖啡中心出现了转移：非洲作为咖啡的原产地失去了在咖啡产量和贸易量上的霸主地位。摩卡港和阿法赫蒂湾再也不能满足人们日益增长的对咖啡的需求，法国马赛等其他欧洲港口开始取而代之。

随着奴隶制的废除，法国大革命再一次颠覆了这种等级制度。奴隶制的终结对欧洲国家来说，事实上意味着其传统咖啡种植模式的终结，几乎也是这些国家投机生意的终结。还记得波旁岛的例子吗？这座岛曾大量进口奴隶，并立法规定根据奴隶的数量决定种植园的规模。在圣多明各，杜桑·卢维杜尔领导的反抗运动在 1791 年赢得了海地的独立，使其成为继利比里亚以后获得自由的国家。这一独立意味着奴役的终结，也意味着由殖民者经营的咖啡种植园不复存在。自独立以来，该国的咖啡产量再也没有达到过大革命以前的水平。爪哇岛同波旁岛一样，也走上了废除奴隶制的道路，最终于 1848 年获得成功。这些原先的咖啡生产大国，在奴隶制终结时，已经通过拒绝或是终止奴役的方式采用了其他权宜之计。

到了 19 世纪，美国跃居咖啡消费第一大国。

❋❋❋

巴西

在上述方面，巴西的情况最能说明问题。在以粗暴的方式引进咖啡以后，该国整个北部地区遍植咖啡树，一直延伸到里约热内卢。当时产量最大的地区里约热内卢北部的帕拉伊巴谷集中了该国咖啡总产量的 80%。直到那时，这种繁荣状况一直是在照搬欧洲殖民地模式：大量奴隶及廉价的土地。而到了 1888 年，在多次犹豫不决之后，巴西决定加入废除奴隶制国家的阵营。这一决定摧毁了整个国家的咖啡产业：没有奴隶就没有劳动力，没有劳动力就没有咖啡。由于这一产业的崩塌，当地的咖啡苗被连根拔掉，以种植收益更高且劳动力需求较少的农作物。就拿波旁岛来说吧，岛上的咖啡就这样被甘蔗取代了。到这里，我们会以为咖啡的巴西之旅已经完蛋了。可是不要忘记，不久以后，由于战乱、贫困以及迫害，数以千计的欧洲平民涌向新大陆，在圣保罗州形成一支非奴隶的廉价劳动力大军。在 1884 年至 1914 年，在"秩序与进步"旗帜的指引下，100 多万移民前来该国定居。奴隶制度不复存在，取而代之的是更为长久的人力管理，雇用东南部米纳斯吉拉斯州顺从、勤劳以及廉价的移民或原住民劳动力。随着机械化的推行及边境森林的开垦，巴西成功的经营模式——

没有树荫的全机械化大型单一作物种植园——从此被舍弃。该国由此奠定了全球咖啡生产第一大国的地位。

模式的转换

咖啡的新兴消费中心

咖啡的消费地图同样经历了深层次的变革。诚然，土耳其人和苏菲派教徒或叙利亚人一样，始终保持着饮用咖啡饮料的习惯，但与此同时，其他地区的人们也相继发现了它的神奇。在咖啡消费市场上同样不断有新"粉丝"的加入。从19世纪开始，英国最终选择茶作为国饮，法国人习惯了菊苣[1]和加奶咖啡，意大利人还在慢慢习惯咖啡，美国此时已经跃居咖啡消费第一大国。自1830年以来，纽约及其邻近地区的咖啡总消费量就已经超过了整个英国！

最早期的烘焙机（大型机器）于1846年在J. W. 卡特先生的工坊里出现，随后开始被大批量生产。到了1862年，在如火如荼的工业革命中，贾贝斯·本斯先生研制出第一台现代烘焙机，其滚筒上配备了一排用于加热的喷火口和用于冷却咖啡豆的出料口。本斯将自己发明的机器卖到美国各地，由此发了一笔大财。他的机器每年要用掉数百万袋巴西产的咖啡豆。继咖啡的伊斯兰时代以后，咖啡的殖民时代就此彻底终结。

创造咖啡的那些人……

格奥尔格·弗朗茨·科奇斯基

咖啡在欧洲的最初传播过程中，维也纳人格奥尔格·弗朗茨·科奇斯基功不可没，堪称咖啡大师。这位大旅行家年轻时曾经游历地中海东岸地区，对这种饮料及奥斯曼人饮用咖啡的习惯非常熟悉。1683年，奥斯曼帝国围攻了他的家乡维也纳。最正统的版本讲述的是：战士睡眠正酣之时，这位维也纳人从土耳其人那里偷取了几袋咖啡豆，并自行加以烘焙。在奥地利告捷之后，咖啡豆就和羊角面包一样，成了胜利的象征。另一种说法比较具有投机色彩，说他是在土耳其人败退逃走时偷到咖啡豆的。无论哪种说法是真的，1683年都成了维也纳咖啡的诞生之年。这种风尚不久以后传到整个欧洲。咖啡馆和往咖啡中加奶油的做法最终成为维也纳式生活艺术的一部分。

新型咖啡经济

为了满足大消费时代的需求，约翰·阿巴克可算是采用营销手段开发品牌的第一人，他的 Ariosa Coffee 的包装能够保存已烘焙的咖啡豆。便携式咖啡就此问世，即冲即饮也应运而生，结束了在家中的锅炉里烘焙咖啡的历史。这种应用于咖啡的营销手段在三个加拿大人手里登峰造极。在短短几年内，这三个伙伴着实推出了一种完美的组合：颠覆传统的外包装、密封金属盒、新品牌（Chase & Sanborn Coffee Company）、强劲的口号（"永不低头"）、高端的定位、强大的客户关系（信件、贺卡、小窍门等）、大手笔的广告投入以及 2.5 万多名销售人员组成的销售网。

如果没有大众的认可，这些品质上的嬗变就永远不会发生。咖啡此时已经成为美国的象征，在整个 19 世纪和 20 世纪初，咖啡满足了工厂工作所产生的最新需求，再加上著名的南北战争时期，南方佬和北方佬都靠着喝咖啡提神；而在 50 年后的第一次世界大战时期，以法国人为首的欧洲人则饮用葡萄酒解渴。那些劣酒和红葡萄酒并没有在加利福尼亚发展起葡萄园，而爪哇咖啡则刺激了美国 - 巴西经济，提供了持久的市场销量。电影界在银幕上反映出了这种了不起的辉煌：即使在沙漠的炎炎烈日下，约翰·韦恩和他的伙伴们也不忘喝咖啡呢！这些牛仔的饮食还真讲究呢！

植物进化

在阿拉比卡种咖啡的阴影下……

在植物学层面同样发生了一些变化，但这些变化节奏相对较为缓慢，而且主要体现在农业而不是工业方面。

16 世纪的旅行家和植物学家们留下了有关这种热带植物的最早记述，例如德国人里奥纳德·劳沃尔夫（1573 年出版的书中有所描述，参见第 104 页《咖啡之父》）、意大利人普罗斯佩罗·阿尔皮尼［于 1591 年出版了《埃及植物志》（De Plantis Aegypti Liber）］、荷兰人科美林（参见第 94 页《加斯帕·科美林》）、法国人安托万·德·朱西厄以及让 - 巴蒂斯特·德·拉马克等人，很快就对此表现出浓厚的兴趣，并展开了学术辩论。热衷于植物分类的学者们对非洲沿海地带的这些植物学发现欣喜若狂。著名植物学家拉马克从 1783 年起就对留尼汪岛的毛里塔尼亚咖啡从根部到树梢做过详细的描述，之后又对莫桑比克的瑞斯莫撒种咖啡（Coffea Racemosa）展开研究。随后，他在今天的利比里亚和塞拉利昂的海岸上发现了利比里亚种咖啡（Coffea Liberica），最后在今天的

大事记

咖啡的传播

1645 年： 最早的咖啡馆在欧洲开业（意大利、英国等）。

1680 年左右： 第一批埃塞俄比亚咖啡苗被移植到印度南部。

1686 年： 咖啡馆正式出现。弗朗西斯科·普罗科比欧·狄·科泰利在巴黎开设了普罗可布咖啡馆。

1696 年： 第一批咖啡苗进入爪哇岛。

17 世纪末至 18 世纪： 全球遍植咖啡树。荷兰人率先在亚洲（印度尼西亚、斯里兰卡）和拉丁美洲（1718 年在苏里南）种植咖啡，法国人紧随其后（首先在安的列斯群岛，随后遍布整个中美洲）。

1720 年： 波旁岛从也门咖啡苗上收获了第一批咖啡豆。

1721 年： 阿姆斯特丹进口了第一批爪哇咖啡豆。阿拉比卡种咖啡传遍全世界。

1773 年 12 月 16 日： 波士顿倾茶事件爆发。咖啡成为反抗具有喝茶习惯的英国殖民统治的象征，从此带上了自由的意味。

1806 年： 拿破仑对英国采取经济封锁政策。无法获取咖啡的法国人开始喝菊苣冲泡的替代饮料。

1869 年： 咖啡锈病摧毁了咖啡种植园，斯里兰卡首当其冲。

1875 年： 大果咖啡进入印度尼西亚。

1882 年： 纽约咖啡交易所达成了第一笔咖啡交易。

19 世纪末： 刚果发现了中果咖啡（罗布斯塔）。这种咖啡很快征服了世界部分地区。

1903 年： 路德维希·罗塞鲁斯成功研制出去咖啡因工序。

1938 年： 雀巢公司开始销售咖啡粉，即速溶咖啡。

20 世纪 70 年代： 第二波咖啡浪潮（Second Wave）出现在美国西海岸。而法国烘焙师维列早在 60 年代就开始以这种方法烘焙咖啡。

1988 年： 咖啡进入了公平贸易范畴。公平贸易标签组织马克斯·哈夫尔基金会于荷兰成立。

1989 年： 咖啡贸易自由化。咖啡价格进入动荡期。

1999 年： "卓越杯"和第三波咖啡浪潮（Third Wave）出现。

2000 年： 随着咖啡的商品化和精品化，模式出现改变。精品咖啡蓬勃发展，应对气候变化，力求可持续发展。

几内亚科纳特里发现了狭叶咖啡（*Coffea stenophylla*）。那些"勇敢的"欧洲冒险家们——皮埃尔·萨沃格纳恩·德·布拉扎、戴维·利文斯通以及亨利·莫顿·史丹利都曾不畏险阻沿着河流深入非洲内陆，在那里插上本国的旗帜并建立起商行。这些探险者在赤道和热带森林里发现了几十个新品种。几乎每十年就有新的植物物种出现，对咖啡品种的理论认识从此时起得到扩充。尽管如此，直到 19 世纪末，人工种植的咖啡品种仍不过是阿拉比卡、铁皮卡和波旁这几种，外加它们的寥寥几个变种。

后来直到大型疾病出现，人们才想到在种植园培育咖啡新品种以应对病害。殖民地的总督很早就注意到了这些新品种的优势：收益高、抗病性强、耐晒耐热、喜好平原和低纬度地区——这么多优势原本可以确保好收成。但到了 19 世纪，葡萄藤的三种病虫害（分别是白粉病、霜霉病和根瘤蚜虫）席卷了整个欧洲的葡萄园；与此同时，一种俗称"锈病"的病菌 Hemileia vastatrix 感染了咖啡树（参见第 77 页《认识》一章）。这场灾难首先在亚洲爆发，随后横扫全球。其根治的方法同葡萄藤一样：把老树连根拔掉。脆弱娇嫩敏感的阿拉比卡种咖啡就这样被更为结实的新品种所取代。

大果咖啡和中果咖啡的发展壮大

利比里亚、刚果、印度、印度尼西亚、斯里兰卡、马来西亚、苏里南以及马达加斯加种植的大果咖啡也遭遇了相同的厄运。当地人原本希望它能够拯救地方农业，可不幸的是，大果咖啡本身并不耐病……最后的希望只能寄托于中果咖啡了。这种咖啡生长在非洲赤道附近的多个地区，例如 1860 年左右在刚果洛马米河沿岸和奎卢省、坦桑尼亚的布科巴（1861 年）以及乌干达（1862 年）。这个新品种很快表现出强大的抗病性和高产量，继而在全球范围内爆红。中果咖啡（也就是罗布斯塔种咖啡）种植园就这样遍地开花。

非洲，咖啡故乡的复兴

造化弄人，起源于非洲之角的咖啡种植虽然在 19 世纪传播到了全世界，却唯独没有回到非洲。直到 19 世纪末，也就是咖啡进入安的列斯群岛的 150 年后，阿拉比卡咖啡才被引进非洲东部，主要是坦桑尼亚、乌干达和布隆迪。这些咖啡苗从何而来？它们并非来自邻近的埃塞俄比亚，而是法属留尼汪岛，由这个达赛尔种下的也门树苗人工培育而来。波旁咖啡被引进坦桑尼亚要归功于一名传教士，其他教会把这种咖啡带到了肯尼

上两页图
~
采用农林间作法的疏阔的高产量种植园。

右页图
~
全球第一大大宗贸易公司
Ecom 公司在尼加拉瓜的生产基地。
准备咖啡豆的用于去除羊皮纸机器，并根据密度、大小和颜色进行筛选。
在出口前进行的这些准备工序一般外包给有能力购置这些设备的集团进行。

1

此人的姓氏 "la Merveille" 在法文里有 "奇人" 的意思。

2

糖面包山是巴黎里约热内卢的重要地标。

创造咖啡的那些人……

"奇人"

在 "太阳王" 路易十四统治时期，有个真名叫哥德弗瓦·格莱·德·拉·梅耶、绰号为 "奇人"[1] 的圣马洛人，曾经驾驶三艘三桅船抵达也门，想要在咖啡贸易里发一笔横财并在摩卡港设立一间商行。但由于战乱和海盗横行，等他抵达摩卡港时，已经是 1709 年初了，他同其他欧洲船队一起在海岸上寻找商机。"奇人" 等了好几个月，咖啡果才成熟并从山区运到他的船上。等他回到自己祖国的时候，船舱里满载着咖啡豆，满脑子都是发财的梦想，没想到等来的却是竹篮打水一场空。原来，等他抵达圣马洛港的时候，却发现自己采购的咖啡豆的价格是马赛和威尼斯进价的三倍！而且，他也无法向国王证明确实有必要在摩卡港设立商行。于是他转而启程去了荷兰，希望能够说服法国的老对手支持自己的计划，没想到他的愿望又一次落了空，就算他想靠出卖祖国谋利也为时已晚：不久前，法国刚同荷兰签署了一份和平协定。

亚（1892 年）和乌干达（1900 年）。英国殖民地也出现了大型咖啡种植园。这些种植园的主人当然是英国殖民者，其中有个名叫凯伦·白列森的女士无疑是其中最著名的代表（参见第 169 页《遗忘》一章）。但非洲大陆朝着咖啡种植方向的转型当时只限于寥寥几个地区，要等到 20 世纪方才出现非洲大陆遍植咖啡树的壮观景象。

20 世纪

变革的时代

在这动荡的 100 年里，如果说有什么是恒久不变的，那就是巴西在咖啡市场的统治地位。这个糖面包山之国[2] 从未真正担心被后起之秀超越：自从废除奴隶制和咖啡锈病肆虐以来，爪哇岛的咖啡产量就大不如前了；而邻国哥伦比亚即使曾在 20 世纪 60 年代跻身一流咖啡大国的行列，也始终远远落后于巴西；同样，虽然越南近年来取得了全球第二的好成绩，但也无法问鼎王者的宝座。20 世纪完全是巴西的世纪，而且只要当地气候不发生突变，这种局面很可能会在 21 世纪持续下去。

然而，这种霸主地位虽然让巴西获益匪浅，却掩盖不了全球范围市场的深层变革。世界各地普遍种植阿拉比卡种咖啡以外的其他咖啡品种，酿成了一场真正的革命，因为这一现象奠定了全球咖啡种植业的支柱：实际上，几乎所有赤道国家（如今已达 90 个）都种植了咖啡树，几个跨国公司让咖啡变得更为大众化，各国对口味文化的定义也有所不同。阿拉比卡种咖啡不再是市场上唯一的品种，继大果咖啡以后，中果咖啡也正在威胁着阿拉比卡种咖啡的地位。

非洲罗布斯塔种咖啡的成功

在所谓的"殖民主义的黄金时代"，法国作为非洲主要殖民国，咖啡种植业在法属殖民地得以发展壮大。法国本土盛产葡萄酒，北非主要种植产油作物和柑橘，西非专门生产花生和棉花，赤道热带地区由于当地国家的地理气候特点广泛种植咖啡，尤其是中果咖啡。这些国家包括今天的喀麦隆（1913 年）、多哥（1923 年）、刚果（1930 年），甚至还有科特迪瓦和贝宁（1930 年）。如果说在"美好年代"[1]，法国本土所喝的咖啡依然来自巴西，那么在"一战"及战后重建时期，法国人喝的却是非洲出产的罗布斯塔种咖啡。这种咖啡的生产成本较低，完美符合当时欧洲人的要求。

这个世纪的主要背景之一在于咖啡市场围绕着几个大型农产品公司而形成。在很短的时间内，这些公司巩固了自己的统治地位及他们的收益理念。战后，人们进入了消费社会，荷兰的 Douwe Egberts、德国的 Jacobs Kraft、"沏宝"（Tchibo）和 Lavazza、日本的悠诗诗上岛咖啡（Ueshima Coffee Co.）、美国的麦斯威尔（Maxwell House）和宝洁公司（Procter & Gamble），所有这些经济巨头都在寻求保证利润的同时，为更多老百姓提供买得起的咖啡。法国人对罗布斯塔种咖啡的偏爱就是出于这一考量，这种偏爱也使得法国成了这种咖啡的消费大国。其他国家，尽管不如法国来得明显，也渐渐接受多种多样的咖啡。在美国也是如此，但美国人偏爱甘甜的巴西咖啡，从 20 世纪 50 年代起，美国咖啡的消费量史无前例地达到与法国比肩的程度。美国促使一部分巴西咖啡种植者转而种植罗布斯塔种咖啡。巴西因此广泛种植罗布斯塔种咖啡，并很快从中尝到了甜头。

由此，我们可以明白所谓的"每个国家的咖啡文化"是如何形成的。由于法国当时占据了西非、中非和赤道地区，法国人喝的主要就是罗布斯塔种咖啡。在糟糕的经济背景下，法国本土必须在贸易上对自己的殖民帝国予以支持。正因如此，法国把品质最好的咖啡用来向其他西方国家出口，自己国内喝的却是质量较差的咖啡。在意大利却出现了两极分化的局

1

欧洲社会史上的一段时期，从 19 世纪末开始至"一战"爆发而结束。当时的欧洲处于一个相对和平的时期，科学技术、文化艺术以及生活方式等都在这个时期发展成熟，这个称呼是后人对这个时代的回顾。

面：意大利北部从威尼斯城邦国时期起就习惯了食用中东来的产品，喝的是阿拉比卡种咖啡；而在较为贫穷的意大利南部，由于经济捉襟见肘，喝的仍然是在那不勒斯港卸货的罗布斯塔种咖啡。荷兰则专注于大宗商品贸易和经销，尤为偏爱苏里南和爪哇岛产的阿拉比卡种咖啡，但大果咖啡和中果咖啡在当地也很受欢迎。

咖啡的历史和殖民史同样紧密相连。殖民王国一旦倾覆，下属殖民地纷纷独立，咖啡却得到了前所未有的发展。为了确保本国的农业收益并推动经济发展，这些新独立的国家继续生产咖啡、可可、油类、棉花和香蕉。到了 20 世纪 70 年代，全部热带国家（近 90 个）遍植各个品种的咖啡，并根据各自不同的经济模式，采用家庭副业种植或是用于出口的单一作物种植，最终改变了人们的消费习惯。

20 世纪的大转变

咖啡的世纪

在资本主义扩张和技术革新时期，咖啡种植也经历了诸多变革，尤其是在品种的特别甄选方面实现了长足的进步（参见第 77 页《认识》一章）。其他较为潜移默化的变化也参与其中，筑就了这个咖啡的世纪。随着公平贸易理念及其他公平贸易或农业标签（参见第 193 页《捍卫》一章）的出现，人们对全球贸易和咖啡贸易的看法早已发生改变。

20 世纪也是调配咖啡新方法传播的世纪，这些调配方法如今已经成为这种饮料的标志。饮料调配过程需要耐心和技巧，因此许多种机器就被发明出来（参见第 43 页《调配》一章），简化了这一过程，让咖啡饮料得以进入西方国家的千家万户。

这里我要再次强调，盎格鲁 – 撒克逊人和斯堪的那维亚人是咖啡消费量最大的民族，也是最了解咖啡的民族，他们把这种现象称为"咖啡的三波浪潮"（The Three Waves），这三波浪潮互相并不排斥，而是在相继发展着。

第一波浪潮

咖啡的第一波浪潮指的是 19 世纪大量进口大宗商品，经由古老的贸易路线，对人们传统习惯产生影响。当时的贸易港口是摩卡、桑托斯、勒阿弗尔、安特卫普以及新奥尔良；那时的咖啡品质很差，只是为了满足大量的需求。这个时期出现了技术革新，去咖啡因工序（1903 年）和速

1

拉美第一咖啡品牌。

2

又名"辉煌的三十年",是指"二战"结束后,法国在 1945 年至 1975 年这段时间的历史。在这三十年间,法国经济快速增长,并且建立了高度发达的社会福利体系,法国人重新拥有世界最高的生活水准。

溶咖啡(1938 年)问世。但咖啡市场主要是到了第二次世界大战才形成的:大型的咖啡烘焙商选择了零售并推出价格较为低廉、外观较为坚实并均等的咖啡。他们需要把握的是一种价格至上的大众化消费,而不是咖啡的种类或品质。进口商和工业烘焙商为了推销自己的产品,互相斗智斗勇。以罗布斯塔种咖啡为基础的混合咖啡、电动咖啡壶、咖啡粉以及咖啡机正是在哥伦比亚的胡安·帝滋[1]、美国的麦斯威尔时期出现的。这一时期至今还影响着由所谓的"五巨头"[英文为"Big Five",分别为菲利普·莫里斯 - 卡夫、雀巢、莎莉公司(Sara Lee Corporation)、沏宝和宝洁]统治的零售业。上述公司从 20 世纪开始就掌握了市场上近 70% 的份额。可不要以为广大咖啡农可以从中分得一杯羹!恰恰相反,在所谓的"黄金三十年"[2]里出现的是生产过剩、价格暴跌以及第一批贸易配额协定的出台(《国际咖啡协定》于 1962 年签订)。

第二波浪潮

为了反抗这种由广告说辞带动起来的抹杀多样性的局面,在我们多元的文化中出现了这样一种现象:有些捣蛋鬼在一夜之间决定咖啡不一定是一种经过滤纸过滤或是烧焦的混合物。第一批维新派人士于 20 世纪 60 年代在美国西海岸旧金山和伯克利之间出现,其代表人物为:艾尔弗雷德·皮特、格拉菲奥(Graffeo)、泰勒和弗雷德(Teller & Freed)、吉姆·哈的喀斯特(Jim Hardcastle)。这些"异类"尽力在不同程度上打造出别具一格的咖啡,就拿其中一种哥伦比亚咖啡来说吧:这种咖啡经过烘焙后的颜色比普通的咖啡颜色浅,其调配过程与众不同,质地主要是乳状的,以烘托出浓缩咖啡部分,当时在美国不怎么流行——这就是某些人口中的"第二波咖啡浪潮"。这一浪潮中诞生出了一批业界巨擘,比如 20 世纪 70 年代初诞生于美国西雅图的星巴克,在伦敦开业的 Moonmouth,以数百万美元的价格被收购的 Peet 咖啡——这就是历史所产生的价值。

第三波浪潮和咖啡的去商品化

为了遏制价格的波动和 1989 年的贸易自由化,人们采取了许多措施,其中包括公平贸易、有机农业、直接贸易。在第二波咖啡浪潮开始 30 年后,一种对待咖啡的全新方式诞生了,其宗旨在于将咖啡从封闭在大众消费里的简单商品范畴里脱离出来。咖啡必须加入其他高级食品的行列,成为人们呵护、关注和品味的对象。这种趋势首先由"美味计划"(Gourmet Project)组织挑剔的鉴赏家发起,这一组织很快就演变成

"卓越杯"（成立于 1999 年）。他们提出了"咖啡不只是一种商品"的口号，其职责在于通过在咖啡生产国举办竞赛把咖啡引向卓越之路，帮助咖啡生产国提升自己的认知水平和经济状况，并在消费国组织品鉴培训。今天，"卓越杯"组织已经发展成精品咖啡领域的佼佼者。更年轻的一代继承了这个基金会，在挪威的咖啡师兼烘焙师罗伯特·索瑞森的引导下，力求面面俱到：货源变得至关重要；烘焙也成了必须推广的一门学科；奉上咖啡的过程中必须摒弃一切自动化机器，以上升到艺术的境界，形成自己的仪式、手法和亮点。所有的咖啡店都争先恐后地张贴着第三波咖啡浪潮的口号："从豆子到杯子"（From the bean to the cup）、"小产量咖啡"（Microlot）、"农场直供"（Direct from the farm）。咖啡不再是小小的黑色杯中物，而是同其他高级食品一样被精心创制出来的千变万化的饮料。具有地方特色的咖啡备受推崇，烘焙和冲泡被视为高强的技艺。这第三波咖啡浪潮很快就赢得了全世界的喝彩。精品咖啡，也就是高品质咖啡的圈子日益壮大，成为越来越多人议论的话题，各种协会应运而生，媒体竞相报道。从这些新理念中诞生的新秀目前正在成长，未来将成为取代星巴克的生力军，其中包括 Intelligentsia Coffee & Tea 和 Counter culture coffee 等品牌。

新浪潮

自那时起，某些人为了凸显手冲咖啡，用到了"第四波咖啡浪潮"的字眼。由于咖啡种类繁多、日新月异，甚至还出现了"第五波咖啡浪潮"的说法。各种概念和营销手段暴增，散发着年轻一代敢为天下先的青春活力。"超小产量"、泡制、对发酵进行研究、前往咖啡产地旅行考察、系统化进行杯测以及竞赛等字眼均出现在这股新浪潮中。自相矛盾的是，尽管第三波咖啡浪潮坚持展现咖啡的品质和多样性，但在很长一段时间内只是专注于含奶咖啡和拿铁艺术的调配，至少在销售方面确实是这样，其优势在于吸引菜鸟和老主顾。其中也要算上莫宁从法国大革命以来推出的法式加奶咖啡的推波助澜。但就总体来说，尽管这些演进确实存在且令人欣喜，但咖啡始终被看作是一种消费商品。精品咖啡只占有全球咖啡市场很小的一部分，也就是说，精品咖啡虽然最为人们所称道，可消费量却是最少的。我心目中最赞许的做法正是我日常一直在做的：在一种全局视角里，把咖啡提升到卓越的境界。我们可以进行干预或指导，除了对农业种植的了解和操控，还可以把咖啡引进到大餐和糕点领域，专注于考究的烘焙和冲泡艺术。

一种对待咖啡的全新方式诞生了。

❋❋❋

聚焦

时 间

咖啡势必要和时间发生某种联系，我们可以从地缘角度来加以解读。

在"种植咖啡的国度"里，咖啡是一种植物，必须"听从时间的安排"；

而在"喝咖啡的国度"里，咖啡则是一种饮品，是提高效率的法宝。

时间一方面守着四季轮回，另一方面也要赶得上城市的走马灯。

也就是说，不同地区有着自己的时间观念：时间的单位可以是年，也可以是分钟。

在种植咖啡时，时间就要被拉长：咖啡树从 3 岁起才能结果。成熟期生长越是缓慢，咖啡的品质就越好。反之，早收或早熟品种的品质则差很多。只有当人类直接参与的时候，我们才会开始计算时间。在采收完以后，加工和发酵必须在严格的时间内完成（加工不超过几小时，发酵耗时 16~36 个小时）。晾晒和静置都必须适度。如果过快，生豆的品质就会快速下滑。在气候温和的地区，一场与时间的赛跑似乎已经开始，人们争分夺秒。各种指令操控着这场赛跑的节奏：为了保鲜，有人说咖啡豆一到港就要加以烘焙，而某些品种的咖啡却要在烘焙前等上几个月。经过烘焙以后，"必须"立即出售咖啡豆。烘焙过的咖啡豆需要排气：浓缩咖啡需要 5 天的时间完成排气，10~20 天后会达到其品质的峰值。烘焙本身需要根据咖啡的种类、所寻求的均衡度以及工序步骤而采用不同的节奏。因此，我们会在烘焙过程中改变烘焙的速度或滚筒的转速。我们冲泡的是浓缩咖啡，而不是"速成咖啡"，不是类似方便食品的咖啡。与通常想法相反的是，滴漏的时间必须要精确：泡得太快的话会变酸，喝得太快会烫嘴。时间可真是一门生活艺术呢。

右页图

~

大自然有着自己的节奏。

自上而下依次为：果实、花朵、嫩芽。

访谈

亨里克·斯洛佩

亨里克·斯洛佩先生是新一代的巴西咖啡农。
出身于时尚界的他在 40 岁的时候继承了家族的种植园。
他推出了经过野生鸟消化的独一无二的鸟屎咖啡，从此一举成名，
成为正处于传统与温和变革交错点的巴西咖啡种植业的化身。

您是如何成为咖啡农的？

斯洛佩：因为家族关系，多亏了我的祖父。他是个了不起的人物，在我们的家族历史上举足轻重。他很早就明白了至关重要的两点：一是需要在荒芜的地区种植桉树绿化造林，但这一点虽然重要却还不够。我们讲求多样性，这不只适用于植物种类，还包括我们的收入来源。二是气候变化带来的影响。某些传统种植咖啡的地区深受干旱之苦，另外一些地区却为暴雨所袭，而巴西圣埃斯皮里图州等地区则从气候变暖中受益。我因家族的关系成为咖啡农，继续这门事业却完全出于个人喜好。

您为什么采用生物动力农法生产咖啡？

斯洛佩：我在葡萄酒领域见识了生物动力农法和尼古拉·卓利的成就，很快就加入了提倡以生物动力农法种植和酿酒的国际组织"风土复兴协会"（Renaissance des Appellations）。这个组织的理念同我不谋而合：提高质量和产量，降低成本——这是所有正规创业者的目标。我的咖啡树从没用过化学肥料，也没经受过合成处理。我使用所有有用的肥料，大量用到牛粪和牛角，用植物果肉和黏液等作为天然肥料。由此一来，我在巴西咖啡种植业获得了骄人的收益，我的种植园里没有出现过摧毁单一作物的传统病害，我的产品品质独一无二。

生物动力农法是否影响到了您所在的地区？

斯洛佩：要知道，我所在的圣埃斯皮里图州是整个巴西有机农业产量最大的州之一。我的种植园规模有限，我不得不销售其他咖啡，特别是合作社的咖啡，我的祖父曾出售种子给他们。这个合作社不断壮大，旗下有机种植者的数量也在持续增长。等到有一天其实现完全有机化了，我也能够从中沾光。

多年来，我对有机牛粪的需求量不断增长，同时带动了邻近养牛人朝着有机转型。由此一来，我在巴西国内外的销售业绩都很出色，产生了一种连带效应。

您能不能谈一下您种植的咖啡品种？

斯洛佩：我种植的咖啡品种没有什么稀奇之处，它们只是我人生中、我的企业以及巴西咖啡种植业中的一部分。首先，我重新种植巴西的栽培种，如卡杜艾，不过我始终排斥那些大型机械化种植园中常见的产量至上的杂交种，如卡帝姆、帕卡玛拉等。目前，我在每一块土地种植不同品种的咖啡树，以后我势必要去寻找更为纯正的其他品种来

做实验。但巴西并不是埃塞俄比亚。两国的生物种类不同,巴西可找到的植物都是杂交种。另外,我不愿意随波逐流地在我的土地上种植一些没有意义的品种,比如瑰夏。

您获得了"公平贸易"的标签。这对您意味着什么?

斯洛佩:标签化有利也有弊。某些人把它看作绝对的真理,其他人则不屑一顾。事实总有不同。我的咖啡获得了标签,那是因为作为咖啡农我加入了一家合作社。标签化带来某种活力,能够促进生产和销售。这是一个良性循环。

您为什么参与直接贸易?

斯洛佩:我选择进行直接贸易,因为在我看来,进口商并没有按照我期待的方式赋予我的咖啡应有的价值。为此,我自己想办法销售咖啡。对我来说,这是以最好的价格

出售咖啡的保障,更能知道咖啡的去向,由谁来加工转销。同"咖啡树"[1]等少量商家合作,我们推行因人而异的销售方式。这种工作方式更为激荡人心,更为人性化。

听说您与多名专家正在对最新的晾晒和发酵技术做实验?

斯洛佩:是的,我们的工作在中美洲展开,在巴西实行半日晒处理法,尽量不浪费水,这激发了我对各种采收后加工工序的兴趣。

鸟屎咖啡的历史同这个理念及刚流行不久的蜜处理法(西班牙文为"Miele")密不可分。

巴西是全球咖啡生产第一大国,也是一个具有产量至上大众文化的国家。高品质产品在那边是否有市场?

斯洛佩:这些产品已经在巴西市场出现了!并不能因为一个国家产量

领先就觉得质量一定不够好。

巴西的"卓越杯"大赛显示,有些咖啡品质出众。

不过巴西确实还不是咖啡爱好者认可的高品质咖啡生产国,尤其是巴西人自己对此并未表示认同。

巴西如今的情况是怎么样的?

斯洛佩:巴西始终领先,而且会继续下去。

真正会发生改变的是巴西人同咖啡的关系:咖啡的消费量会增加。各种方案层出不穷,每天都有新品牌诞生,Supplicy 等连锁品牌问世,咖啡消费量正在持续快速增长。我要对你说声抱歉,很快我就没有多余的咖啡卖给欧洲人了!更何况我的咖啡在巴西的售价要比在别处来得高。

信仰

学会观察

样关门大吉了；到了 1620 年，奥斯曼帝国出于同样的原因关闭了所有咖啡馆；更晚些时候，教皇克雷芒八世（1592 年至 1605 年出任教宗）想要废止咖啡，认为这是"魔鬼的饮料"，因为这是死对头伊斯兰教的饮料。但是根据年代不详的狂热作者们的记载，有一天教皇品尝到了咖啡，转念认为：尽管黑色是魔鬼的颜色，那味道却是天堂极乐，从此打消了禁止咖啡的念头。

从魔鬼的饮料到反抗者的饮料

不久以后，英国国王查理二世（于 1661 年至 1685 年统治英国）也开始指责咖啡。在咖啡馆发生混乱并招来多次请愿以后，英国国王决定废止这些咖啡屋 [《1675 年咖啡屋禁令》（Proclamation for the Suppression of the Coffee-Houses 1675）]："在此类场所，在这些人集会之际，各种各样虚假的、恶意的和肮脏的言论被传播到国外，诽谤陛下的统治，破坏和平与安宁；陛下认为有必要将这些咖啡屋（在将来）关闭和废止。"在仇视咖啡的背景下，英国历史中反复出现了多次此类禁止咖啡的尝试，最后一次发生于 1900 年。哪怕是在法国王权统治下，有些信件也显示出君主对于咖啡馆的危害感到担忧。这种过激反应如今已不复存在，但全球仍然有许多地方把咖啡同神圣联系在一起。

咖啡和神圣

巴尔干人的仪式

巴尔干人的仪式非常古老，始终保留着传统的生活方式。1955 年的一部在马其顿斯科普里拍摄的纪录片记录了苏菲教派里法伊教团的成员们在斋月中一个晚上的情景。这个教团把咖啡放在鬼魂附身仪式的中心位置。信徒——只有男性——在教长的召集下在夜晚聚集在一起，泡好咖啡开始品尝。他们传递咖啡杯。在分享饮料的同时，信徒们彼此联系在一起。他们开始祈祷和唱歌，围成圈舞蹈，慢慢传递钩子或者小匕首等尖锐的物品——一个带有铃铛的铁球挂在这些物品的末端。男人们用这些物品刺穿自己的脸颊并开始跳着让鬼魂附身的舞蹈。咖啡和祈祷似乎让他们感觉不到疼痛。这个场面很美也很惊悚。

这些故事同其他故事一起告诉我们，每一种饮料背后都隐藏着文化因素，透过咖啡脂的闪光若隐若现。所以说，在喝咖啡之前，都要摇晃一下杯子，看看从底部升上来的到底是什么。

右页图
~
哥斯达黎加薇拉莎奇的街道上。薇拉莎奇是全球咖啡首都之一，当地产的一种咖啡就以此命名。整座城市在采收季都热火朝天地随着咖啡的节奏而律动。

创造咖啡的那些人……

神父和修士

　　虽说咖啡来自伊斯兰文化，但把咖啡树和咖啡饮料带到地中海盆地以外地区的却是 19 世纪基督教的耶稣会教士。住在热带地区的白人神父、耶稣会和方济各会修士、牧师乃至修女都喜欢喝有"基督之血"之称的葡萄酒，但他们也喝绰号为"魔鬼的饮料"的咖啡。其中有些人甚至还载入了史册：耶稣会教士霍赫内尔在坦桑尼亚种下了第一批咖啡树；肯尼亚的圣灵会则在 1893 年从埃塞俄比亚引进了咖啡；方济各会修士何塞·马里亚诺·德·康塞皋·维罗索在他圣安东尼奥修道院的花园里收到并种下了来自巴西的第一批咖啡苗；牧师塞缪尔·拉格尔斯在南半球当地享有盛名，因为继西班牙人唐·弗朗西斯科·德·保拉·马林的失败尝试之后，他于 1828 年在夏威夷的科纳成功地种下了巴西来的第一批咖啡苗。总之，类似的故事还有很多，都可以写成一部圣徒传记了，我们就不在此一一赘述了。

咖啡在原产地

多产的象征

在埃塞俄比亚，冲泡咖啡自古以来就与名为"Zars"的祭灵仪式联系在一起。当地人冲泡好咖啡奉献给神灵，把一部分咖啡倒在托盘上面——据说这个举动能够平息神灵的怒火并求得他们的保佑。也就是说，当地人喝咖啡是为了向周围的各方神灵祭献，为了同宾客们共饮，并为自己的身体注满人类创造出的这种琼浆。

在咖啡的深处蕴藏着扎根在人类灵魂中的一千零一种习俗。比方说，我们如今知道，奥罗莫人是最早饮用咖啡的民族之一，会在婚礼庆典上喝咖啡，因为咖啡象征着新娘的贞洁和多子多福。咖啡树始终郁郁葱葱，而绿色正是生命的颜色，所以咖啡树就成了多产的化身。在庆典仪式上，当地人会调制一种名叫"buna qalaa"的饮料，然后按照习俗，用牙齿咬开咖啡豆——其形状酷似女性性器官——并在里面嵌入同样象征多产的黄油，这可算隐射了第一次性行为。随后，咖啡豆会在一个象征着门当户对的名叫"wacitii"的陶罐里煮熟。在烹煮时，这些咖啡豆会自己裂开，喻示着分娩和新生儿的到来。虽然该地区曾经历过基督教化和伊斯兰教化，但好在上述传统并未失传，而是得以传承至今。此外，奥罗莫人每种下一株咖啡树——无论大小，都象征着子孙后代的延续，同时告慰了天主。事实上，对这个民族来说，咖啡来自"Waaqa"——天主——的眼泪。传说天主在同一个执拗信徒的一次争吵中，导致了这个人的死亡。第二天，天主回到出事现场，开始看着死者的尸体哭泣。咖啡树就这么从他的眼泪中生长了出来。从那以后，咖啡和咖啡树就意味着天主对人类的不坚定和缺乏意志所表现出的怜悯。

尽管如此，如果你们以为埃塞俄比亚和苏菲派教徒聚居地是唯一把咖啡作为仪式化饮料的地方，那就大错特错了。因为非洲其他国家同咖啡树也有着很深的渊源：在乌干达、喀麦隆和肯尼亚的仪式庆典上，咖啡和咖啡树都占据着首要位置。这就部分解释了为什么咖啡种植业虽然在非洲其他地方已经失宠，在上述国家却仍经久不衰。

> 人们冲泡咖啡
> 奉献给神灵，
> 以平息神灵的怒火，
> 并祈求他们的保佑。

❖❖❖

左页图
~
灵修是咖啡的核心。
在尼加拉瓜一个咖啡处理厂的长椅上
镌刻着还愿句，
前面摆放的是正在晾晒的经过蜜处理的
咖啡豆。

下页图
~
尼加拉瓜圣弗朗西斯科种植园的
咖啡树景观。

创造咖啡的那些人……

欧麦尔·阿尔·夏第里

传说阿尔·夏第里是发现咖啡的第一人。咖啡树在当时是一种原产于埃塞俄比亚高原的植物，主要集中在卡法附近。也门人在自己的土地上成功地栽种了这种神奇的植物，并开始在全球范围内展开咖啡贸易。这一切都要归功于苏菲派教徒阿里·本·欧麦尔·阿尔·夏第里（又名欧麦尔或阿尔·夏第里）。他在埃塞俄比亚的一次旅行中品尝到了咖啡并将其带回了也门。阿尔·夏第里是个伟大的旅行家，也是一名神秘主义者，他后来把这种饮料传播到了所有伊斯兰国家，帮助那些虔诚的教徒度过漫长的夜间祷告。咖啡贸易诞生于摩卡港，也成为这座港口的荣光。在这个国际性的咖啡贸易港，这位苏菲派教徒的陵墓成了一座清真寺。他被视为广大咖啡农和咖啡爱好者的圣徒。

咖啡是真理的源泉

咖啡占卜术在西方……

咖啡占卜术从西方所有习俗和象征意义中诞生了。自18世纪起，在法国国王路易十五时代的巴黎，人们开始根据咖啡渣进行占卜，从咖啡杯壁上的咖啡渣组成的图案的数量和形状（一个或多个十字架、一条或多条线、一个或多个圆圈）来解读未来。

咖啡占卜术在世界其他地区……

今天，咖啡占卜术不再是西方国家的专利，它在世界其他地区也很普遍，并出现了多种变体。尽管存在着种种差异，但所有这些变体采用的都是土耳其式咖啡，让咖啡渣多次落入杯底。在许愿并喝完咖啡以后，把咖啡杯倒扣在杯碟上，静静等待杯子和咖啡渣冷却下来。随着温度的下降，咖啡渣会沿着杯壁下滑，形成各种图案、形状以及涡旋，只有开了"天眼"的人才能解读。这种占卜术比占星术和罗马人的鸟占术[1]都要来得简单，而且可以在全天任何时刻进行。比起希腊的肠卜僧，这种方法尤其能够保护动物——因为那些希腊僧人是根据动物的内脏来占卜未来的。

和在巴尔干半岛的情况一样，咖啡占卜术在黎巴嫩和土耳其也很常

1

古以色列联合王国的第三任君王。

2

统治非洲东部示巴王国的一位女王，
与所罗门生活在相同年代。

聚焦

咖啡能否让人"性"致盎然？

除了进食，繁殖是生物的头等大事。谈到咖啡却不谈性，那就是否认数千年来的传统和禁忌。所有民族在各个时代都曾对咖啡的催情功效发出过疑问：阿布扎利卜加沙（1570—1651）就曾记载，所罗门[1]曾经给示巴女王[2]喝下了咖啡泡制的药剂，借机奸污了她；先知穆罕默德也曾夸口说，在咖啡的效用下，他能够驾驭四十个女子；在 17 世纪，人们甚至想要禁止女子喝咖啡，因为当时的人认为这种饮料能够激发"性"趣；法国书信作家塞维涅夫人及路易十五的情妇蓬帕杜尔夫人也喜欢加入这方面的论战；到了 18 世纪和 19 世纪，英国女子开始怀疑咖啡会让丈夫变得性无能，啤酒则恰恰相反；只有法国历史学家米什莱认为咖啡是"反色情的""能够把性爱的托词变为灵魂的冲动"；而过去妓院里常吃浓厚的提拉米苏，用这种甜点来"重振雄风"，算得上是这种性幻想大行其道的明证。

见，可谓是家喻户晓。在这些地区和他们的海外聚居区，时不时会碰见某种人——通常是女士——能够用咖啡渣为别人占卜吉凶并以此为生。在婚礼、生日宴等重要场合的某个角落，一定会进行这种传统仪式。为此，土耳其甚至还流传着一句谚语："永远不要远离咖啡占卜，也不要被它牵着鼻子走。"

上图

~

您可能不会相信：这里是肥料 500，
是生物动力农法的一大关键。
把装满牛粪的牛角埋入地下，
等候一整个冬天的强化发酵。
肥料 500 对应的是结构组织的力量，
也就是根系和土壤。
哥斯达黎加圣伊西德罗维克多家中。

右页图

~

生命不持久，存在偶然性。
在短短几周内，咖啡果经历了发芽和分解。
核果很少会自己落到地上，会在树上经历
从青绿到成熟、过度成熟、腐烂、干瘪甚至
发霉的过程。一切都仰赖采收者的选择。

聚焦

水

水可能是有待我们解开的最大谜题，

而且在某种程度上，是咖啡中最难以驾驭的因素。

水是唯一具有三种状态的分子，它可以是固态冰，可以是液体，也可以是蒸汽。水分子是在寒冷作用下唯一会散开的分子。水的液态具有最大的张力。水既难以捉摸又具有破坏性，其含量超过整个地球的75%、人类身体的80%、大脑的85%、任何细胞的99%、一杯咖啡的98%。没有水合作用，也就是说没有水，就没有生命，因为没有传输：干枯的DNA无法释放出信息，只能是钝化的；没有水，细胞和胚胎就无法存在，发芽和发酵就无法进行。女性体内的含水量要比男性多。某些人认为，水拥有记忆，拥有储存并释放信息的能力。然而，人类却在不断地征服并污染水资源。在道家看来，水与火相克。水和大地相关，而火则离不开空气。在大气中，这些相克的元素一旦相遇，就会出现水蒸气，也就是加热后的水，以及生命。

访谈

让神父

介绍让神父可真让人为难。

他曾是时尚和艺术摄影师，在前往希腊的一次报道中接触到了东正教，

一夜之间决定投身于修行。

在谈论咖啡以前，您能不能先说一下您个人的经历？

让神父：在阿索斯山[1]和圣地犹地亚的沙漠中居住多年以后，我回到了法国，在 1993 年成立了艺术家协会圣马丁兄弟会，然后于 1996 年在法国塞文山脉成立了圣福伊隐修院。2006 年，我被任命为司铎。我还是专刊《神圣艺术》（Art Sacré）的主编，写了好几本书。

咖啡和《圣经》有什么联系？

让神父：《圣经》中并没有关于咖啡的记载，在神学方面我不能做出任何断言。《圣经》里提到过辛香料、香料、香气。香气一词在希伯来语中和"schem"（名字）、"shemen"（道路）、"shema"（聆听）拥有同一个词根——香气是在把我们引向名字的心路旅程上一丝幽微的痕迹。"辣椒"和"诗歌"则拥有同一个词根：这是一个微妙的亮点——只需在菜肴里放上那么一点

点，其威力就会表现出来。

在您看来，一杯好咖啡的秘诀何在？

让神父：可不要把秘诀和奥秘给弄混了！

秘诀存在于隐秘处，可以包括某种工艺的秘诀。而奥秘则存在于尚未知晓的地方。在咖啡里没有什么隐藏的，一切都已明了。

我们只需唤醒自己的感觉，来发现咖啡的终极秘密。咖啡的诗意，是一曲咖啡合奏：大地的琼浆玉液浸泡在其中，就如同一支交响曲，出自天才大师之手，引发品尝者的啧啧惊叹。

从一杯咖啡里，行家能够看到整个宇宙。奥秘不存在于一种秘而不宣的神奇操控中，而是存在于充满活力的精神中：土、水、气、火、动作、眼神、品味、蒸汽，等等。所

有的感觉都被调动起来参与这场盛宴！

一杯咖啡能够获得生命力，它将自己的微妙之处向那些知音娓娓道来。

泡咖啡就意味着接受在咖啡制作过程中曾有几千双手参与。这是不是一种限制？

让神父：一种限制，也许吧，但这更是一种契机。如果在一道制作工序中有人作假，就会影响到整体，就无法获得最上乘的品质。从采收到冲泡，咖啡制作的每一步都必须万分小心。即使是把咖啡豆装在麻袋里运输也不容马虎！这么多道工序让每一杯咖啡都独一无二。

在您看来，咖啡加工中哪些步骤是最重要的？

让神父：这涉及很多问题：何时何地种植咖啡树？何时采收咖啡

果？是分多次采收还是等待果子成熟？怎样采收？像古代高卢人那样用金镰刀吗，还是用机器或是手工采收？烘焙生豆的火候如何？怎样调配咖啡（烹煮、浸泡、滴滤、渗滤）？

只有经验丰富的老手才知道这些问题的确切答案。有一天，我在一个硬纸杯里喝到了非常棒的埃塞俄比亚咖啡，但里面带有浸湿的硬纸板的味道。也就是说，咖啡杯和水质同样重要。没有什么相对不重要的步骤。尽管有些步骤较为棘手，但每一个步骤都是关键。

火和水在咖啡里无处不在。您怎么看？

让神父：水和火显然是非常强的象征。《创世记》第二章第六节和第七节中曾讲到："但有雾气从地上腾，滋润遍地。耶和华神用地上的尘土造人，将生气吹在他鼻孔里，他就成了有灵的活人。"水和火是两种相反的运动：火上升，水下降。但在《创世记》里，水以雾气形式上腾，火下降：这就是圣灵降临的运动，是圣灵将生命之气倾注

在门徒身上。水与火相结合象征着欲望，一种存在的欲望，而不是做事或占有的欲望。相克变为相生，达到了存在和生命欲望的顶峰。我们可以将这段经文同一杯好咖啡进行类比：一杯好咖啡集合了所有元素——土、空气、水、火，还有咖啡脂！

那么加工中所采用的钢和天然气等材料又是怎样的呢？

让神父：对材料也要多加留神。您跟我提到了天然气和钢，而我却要说一说木材和铜。我有个做侍酒师的朋友名叫布鲁诺·肯纽，他在郁金香形的水晶杯里倒上顶级佳酿，根本不会考虑塑料杯！

水滴在材料上，会受到形态波长的影响。

水的纯净度是咖啡提纯或浸泡的基本条件。品尝咖啡能够获得多层次的高级觉醒。让人陶醉其中！

如何品尝咖啡？

让神父：要想解除疲劳，我们可以

在街边小馆子的柜台上快速吞下一杯咖啡，也可以营造温馨一刻，咖啡会让大地醇厚的琼浆玉液变得回味无穷。为了达到这一境界，让人开始品尝这种味道，我认为"仪式感"很重要。仪式能够在静心时唤醒我们体内的感觉。感官一旦开启，就随时可以接受仪式的洗礼，人就能从看客的身份转变为参与者。门外汉已经做好准备，用视觉、嗅觉等感官迎接琼浆玉液。仪式能够强化感知。咖啡变为"品尝者"在身体神殿里迎接的一种祭献品。所有的艺术家、大师、信徒都会在奉献或接受前净化自己。我们必须让消费者肃然起敬，开启他们同品味的这场邂逅。喝咖啡的人品尝的是大地的琼浆玉液，同参与咖啡制作过程的数百双手产生共鸣。

一杯好咖啡必须同一瓶好酒和一块好面包一样，能够在我们心中留下一丝痕迹、一种挥之不去的记忆。品尝咖啡能够也必须成为一个与人分享的饕餮时刻！

遗忘

关于咖啡的成见

我们经营农场从没赚到钱。但咖啡种植园就是这么一回事，它死死抓住你，让你不得脱身……内罗毕周边的所有乡野，尤其是城北的这一片，住着这么一群人，他们心里想的、口里说的，都是关于种植、剪枝和采收咖啡那些事，未曾停歇。他们夜晚躺在床上都在冥思苦想如何改进咖啡工厂。种植咖啡是慢工出细活。

——［丹麦］凯伦·布里克森（Karen Blixen）《走出非洲》（*La Ferme a fricaine*），第 16 页，2006 年，巴黎 FOLIO 出版社

咖啡师是咖啡界的侍酒师吗？

咖啡无疑是热门话题

很多人都谈论咖啡及其他许多东西。咖啡首先指的是咖啡豆和饮料，然后才是喝咖啡的场所，我们聚集在一起谈论生活、倾吐心声、交流看法的地方。咖啡还是一个完完全全的时间单位，一种测量时长的独特方式，那就是我们口中"喝一杯咖啡的时间"。总而言之，这个词涵盖了许多含义，反映出各种情景、表达方式、多种多样的做法。就如同每一个重要现象一样，咖啡也背负着许多成见、陈词滥调和扭曲的真相。咖啡文化就是在这种情况下传播着，游走在图腾和禁忌、传奇和真实、相对的真相和谎言之间。现在就让我们手捧咖啡安坐到沙发上，来厘清一下其中的某些说法。

共通之处

"咖啡师是咖啡界的侍酒师。"这是全球各地目前很流行的一种说法，是广大咖啡爱好者给出的定义。以此为职业真是个狂热的想法，这是一种从未有人听说过的职业，或是只在时尚流行和文化杂志中出现过的职业。将两者进行比较固然容易，效果却往往很糟糕，恰恰显示出对这种独特专业的不得要领。侍酒和调配咖啡是完完全全不同的两个职业，两者鲜有相似之处。

简而言之，咖啡师是调配咖啡的人，而侍酒师则是挑选、购买、储存并把葡萄酒倒入杯中的人，最常见的情况下还需要同菜肴进行搭配。咖啡师亲手将固体转化为液体，侍酒师则用自己的味觉和经验搭配佳酿，同时也要管理所在场所的葡萄酒库存。往细里说，这两种职业还是有一些共通之处的：两者都了解自己手中的产品，无论是农产品还是饮品；两者都必须能够描述、品评手中的产品并激发起他人品尝的欲望，都必

须参与销售行为，根据各种客观和主观因素选择需提供的服务，最后务必要打造出一套品鉴仪式。

诸多差异

侍酒师需要参观葡萄园，通过分析、记忆以及精确的用词来识别数不胜数的酿酒年份、产地、酒庄、葡萄苗、风土、酿造法、陈年法，等等。而咖啡师则不同，他传承的是一份可能更为复杂的、较不明朗的工作：他收到的咖啡豆是他人种植出来的，再经由第三人烘焙，包装往往也经过另一人之手，整个过程经过无数人之手。生产供应链由无数双手和无数个环节构成，咖啡师作为这条供应链的最后一个环节，通常无法或难以掌控整个供应链；而侍酒师收到的则是一瓶他亲自造访过多次的酒庄酿造的葡萄酒。这些葡萄酒被直接或者经一个懂行的中介或零售商之手送到他手中。所以说，侍酒师是品鉴大师，也是分析家；他是食品界学者的化身，他那精准复杂的用词、过目不忘的记忆力、识别和描述所有感官特性的能力，都让人叹为观止。作为味觉殿堂的守卫者和摆渡人，他让人既恨又妒。而我们并不要求咖啡师识别出咖啡的品种、种植园和发酵方法，即便我们很乐意看到他具有这样的能力。咖啡师让人肃然起敬的职责在于调配冲泡咖啡。他必须有能力从一种颗粒状的固体中提取出精华，并从天知道有多少种的调配方法中选出一种来把它转化为液体。就拿冲压法冲泡出来的浓缩咖啡来说，就需要特别熟练地掌握技能。只要看看定期举办的各种竞赛，就能明白这个职业的复杂程度和特有要求了，其中包括浓缩咖啡和拿铁咖啡竞赛、爱乐压咖啡冲煮器竞赛、手冲咖啡竞赛、IRBRICK等，在此就不一一赘述了。另外，参加这些比赛的选手很少是全能的，他们往往只参加某一类别的角逐——因为每个比赛类别都需要全然不同的技巧。其难度还来自奉上咖啡的速度：在短短几分钟内端上来8杯浓缩咖啡、3杯拿铁、2个虹吸壶以及5个爱乐压需要掌握统筹法，精确和简练的手法动作只有靠勤加练习才能掌握。要想从事这一行，唯有对产品了如指掌、了解其特性才能做到，为此需要推敲比例、温度、萃取法——也就是我们前文提到的所有要素（参见第43页《调配》一章）。侍酒师和咖啡师之间的差别还在于：咖啡师并不需要将菜肴同咖啡搭配，尽管他往往可以对巧克力布朗尼、曲奇饼干和玛芬蛋糕这三种"固体"的选择发表意见、一锤定音，但考虑菜肴和饮料之间的搭配并不是咖啡师的职责所在。如果要做到两者搭配，咖啡师就得在餐饮场所靠近厨房的地方工作，但咖啡店很少是品尝大餐的场所。

咖啡师不需要
搭配菜肴和咖啡，
也不需要管理库存。
他的职责就是调配咖啡。

✦✦✦

所以我们期待着能够出现这么一个地方，会将菜肴和咖啡完美结合，在体验中实现这种对和谐的追求。我们同米其林三星大厨安娜－索菲·皮克女士的合作正是基于这一初衷，我们一起推出了一种全咖啡套餐。我们还同多位大厨和食品界大师，如糕点师和冰激凌师一起定期举办咖啡教室的活动。

蓝山咖啡是全世界最好的咖啡吗？

历史介绍

我有多少次听到过这个说法了？又有多少人从未喝过蓝山却跟我言之凿凿地说过这句话？蓝山咖啡在咖啡界就犹如画坛的《蒙娜丽莎》，已经成为一个传奇，一个让人顶礼膜拜的对象。如果存在蓝山咖啡博物馆，那么一定会打破参观人数纪录！

事实上，蓝山咖啡并不是咖啡学或是加勒比海咖啡种植业的特例。恰恰相反，你们可能记得，在 18 世纪初，咖啡从法属马提尼克岛传到加勒比海诸岛，最后抵达牙买加。当铁皮卡种咖啡树在牙买加的自然环境里扎根，为了适应当地环境，就逐渐变异成一个新咖啡品种，也就是今天的蓝山咖啡。这种铁皮卡种咖啡的变型体蓝山咖啡在加勒比海的其他地方也可以找到，尤其是圣多美和非洲的肯尼亚。牙买加的优势在于它拥有加勒比海地区最高的山脉，也就是著名的蓝山山脉，这种高海拔，尤其是靠海的环境，正是咖啡所喜爱的。在这种环境里，咖啡的成熟期很长，能够充分利用日照、温差、极高的火山矿化度以及海洋惯性等。但这些品质上的优势，我们无疑也能在地球其他地区找到。

蓝山咖啡的成功

蓝山咖啡的真正历史开始于第二次世界大战末。在寻求避难的欧洲人当中，有些人选择了巴拉圭、乌拉圭以及阿根廷；另外一些人则选择了咖啡生产国，尤其是危地马拉和牙买加。德国人早在"二战"爆发之前就在这些国家安家落户了。

那些信奉民族社会学的人很喜欢说，一个德国人即便落败、逃亡或避难，也始终是有条理的、一丝不苟的。在这些咖啡种植方面技术相对落后的地区安家落户的德国人首先拿品质开刀，针对种植和生产咖啡中的各种步骤，尤其是加工和筛选严格把关，还成立了一个名叫"咖啡工业委员会"（Coffee Industry Board）的机构来监控各项指标的执行。再加上

右页图

~

倒出来的咖啡果。
最后采收的果子并不是最好的。
从袋子里倒出来的咖啡果品质参差不齐，
这表明在采收时没有进行筛选。

172

出色的文化营销——出售咖啡生豆并在朗姆酒的木桶里进行烘焙，这很快就为蓝山咖啡铸就了全世界最好的咖啡的名气。由深谙此道的西方人生产、追求完美的日本人推广，再加上非比寻常的故事和特别的口味，蓝山咖啡被抬升至必备品的级别，成为广大咖啡爱好者的首选，也成了全世界最昂贵的咖啡。其最终结果是，到了20世纪80年代初，蓝山咖啡在全世界遍地开花。即使到了今天，尽管昂贵并不能同品质完全画等号，可任何一节咖啡课都必定会提到蓝山咖啡。

传说还是事实？

有谣传说，这种咖啡的全球销量已经超过了整个牙买加的咖啡总产量。那些在较低海拔地区种植的其他名号的牙买加咖啡个头较小，更糟糕的是，非洲的蓝山咖啡比牙买加的要来得细腻。这是不是意味着蓝山咖啡名不副实、品质堪忧呢？并不能完全这样说。对我们这些囊中羞涩的咖啡爱好者来说，真正的问题在于，那些风土和品质一流的种植园被掌握在几个大集团手里。蓝山咖啡如今代表的是如此庞大的经济利益，以至于有几个企业为确保年产量而直接在种植园投资——也是为了加入当地咖啡工业委员会并购买到最佳品质的咖啡。但问题并不在这里。如果说最好的蓝山咖啡因为口味均衡细腻而备受推崇，那么说实在的，它通常是被高估了。

意大利咖啡是最好的咖啡吗？

一种具有标识性的文化

如果要说出一种只有意大利人才有的对咖啡的成见，那么就是他们对自己国家咖啡的盲目推崇！"啊！意大利的咖啡真棒！""对不起，我只喝意大利咖啡！"可是，要是这种见解是错误的呢？

事情的真相在于，非意大利人对意大利咖啡的这种眷恋之情来自一场误会。意大利拥有西方最古老和最发达的咖啡种植业。这种种植业在今天表现为意大利对某些市场的掌控：最好的咖啡研磨机和浓缩咖啡机绝大部分为意大利品牌；全世界最著名的咖啡品牌是意大利的；在咖啡历史的名人堂里不乏广大咖啡爱好者顶礼膜拜的意大利人的身影，如埃内斯托·意利、加吉亚、庞比等人。许多同咖啡有关的词汇都来自意大利语，如"barista"（咖啡师）、"espresso"（浓缩咖啡）、"macchiato"（玛奇朵）、"cappuccino"（卡布奇诺），等等。在意大利，奉上咖啡是一项技术活，很少会碰到一个不知道如何打发牛奶、如何冲出一杯像样的浓缩咖啡的毛

右页图
~
摆放在巴拿马博克特附近拉姆拉小木屋
扶栏上的一排咖啡果。
在开始成熟时，咖啡果的个头增长了两倍，
呈现红色和黄色，
长出果核，产生糖分及其他芳香物质。

头小子。最后，意大利无疑是全球手工烘焙师数量最多的国家，也是专业浓缩咖啡机人均拥有量最大的国家。

极其丰富多样

了解意大利这个国家的人都知道，意大利咖啡只是一种假象，因为所谓的美食大国意大利只是一个存在于意大利以外的概念。在意大利国内，每个地区甚至每家每户都有自己的特色。这个国家的文化同它的咖啡一样，存在于这些相对且矛盾的标识里面。就拿那不勒斯来说，那不勒斯咖啡是罗布斯塔种咖啡的混合物，适合热饮，极其浓烈甘甜，会在口中爆裂开来，给人强烈的味觉冲击。为了掩盖苦味，当地人喜欢加入很多糖，形成当地的一种特色风味。另外，当地有句谚语说得好："为什么不在咖啡里加糖呢？人生已经很苦了，为什么咖啡也要苦下去？"

让我们再去罗马一趟。在那里，您肯定能找到意大利最好的卡布奇诺咖啡，但浓缩咖啡就很糟糕了，采用的是50%罗布斯塔种加50%阿拉比卡种的混合咖啡豆。当地有几个全球闻名的咖啡馆：万神殿附近的金杯咖啡馆（Tazza d'Oro）供应的罗布斯塔种咖啡含量至少为80%，这让所有咖啡爱好者颤料不已；鹿角咖啡（San Eustachio）会在咖啡里撒上砂糖，其中秘诀无人知晓；Panella会在咖啡里加上类似蛋黄酱的酱料、开心果和橙皮，为寻常的咖啡增色。这里的咖啡远远谈不上什么纯粹、产品的美感或是风土的丰富，尽管这些是意大利人的拿手好戏。我们的最后一站是传统意义上的咖啡之都威尼斯，在那里只要没有受骗上当，不难找到100%的阿拉比卡种咖啡。就和在米兰或维罗纳一样，您甚至还可以找到咖啡菜单，这里研磨机的数量和咖啡一样多，但咖啡往往被过度烘焙而且带有哈喇味。总之，所谓的意大利咖啡只是一种假象，实际上并不存在。

有待改进的原料和调配方法

同样，只要我们留意原材料的品质，意大利咖啡的传说就会再次崩塌。尽管存在几个例外，但在全球最权威的高品质咖啡市场上，包括"卓越杯"在内，极少有意大利人的身影。意大利的咖啡进口商就和他们的法国对手一样，首先寻求的是满足其国内市场的需求，因此很少会考虑到品质。另外，当地有一个有趣的现象：意大利的100%阿拉比卡种咖啡里可能含有高达10%的罗布斯塔种咖啡，这可能是因为当地人偏爱浓烈强劲的浓缩咖啡。最后要提一下意大利人在家里调配咖啡的方式，真是让人目瞪口呆：尽管摩卡壶销量好得出奇，从未来主义吸取灵感的设计也很吸

创造咖啡的那些人……

从未存在过的胡安·帝滋

很少有欧洲人知道这个名字，但他无疑是继乔治·克鲁尼[1]之后最著名的广告人物。从"二战"结束后至 20 世纪 70 年代，巴西霸占了咖啡市场。对其他咖啡生产国来说，想要在销量方面占有一席之地并从巴西那里分得咖啡美元的一杯羹就变得相当困难了。为了推销哥伦比亚咖啡，哥伦比亚咖啡生产商联合会想出了一个点子：不再从咖啡的容量和价格上做文章，而是拿个性化和品质开刀。一个名叫胡安·帝滋的人物就这样从广告商的魔法帽里诞生了。胡安·帝滋是一名孤独的旅行家，他的骡子上满载着装咖啡豆的麻袋，从哥伦比亚的山间小道蜿蜒而下，售卖咖啡。尽管他的衣服雪白得过了头，小胡子和头发也修剪得过于完美，油光锃亮的，咧开嘴笑得过于灿烂，眼神热辣辣的如同炭火一般，可人们还是宁愿信其有！这个广告首先是为美国市场设计的，它非常成功，以至于后来拍摄了多部续集，有点连续剧的风格。胡安就这样走遍了全世界，出现了"胡安跟美国佬交谈""胡安烘焙咖啡"等剧情。哥伦比亚咖啡从此就和品质结合在了一起，而这个国家也被写成全球最早生产咖啡的国家之一。这种向西方消费者介绍小种植园主的策略就这样首次在全球范围内获得成功。这个方法后来被提倡公平贸易的公司再次采用，同样大获成功。

引人，但意大利人在自己家里用的是著名的摩卡壶，也就是蒸汽冲煮式咖啡壶，实际上并不是在调配咖啡，而是在铝制品里糟蹋咖啡豆，更何况这种金属本身也不该出现在厨房里。用这种方式冲泡出来的咖啡带有一股金属味，让人难以下咽；咖啡渣覆盖在铝金属上，形成了一种危险的金属残余物，让人不忍直视。这种泡咖啡的方式和目前流行的胶囊咖啡机相同，世界卫生组织已经通报过其危害性。那么情况真的有这么严重吗？可以说是也不是。因为高度烘焙的咖啡在烘焙过程中香气减少，可以耐受极高的温度，并遮盖掉金属的味道。摩卡壶给家用咖啡带来了其他方式所没有的优点，所产生的醇厚感可以与咖啡馆冲泡出来的浓缩咖啡相媲美。

铁打的名气

在咖啡方面，意大利无疑是被人谈论最多的国家，以至于它的对手英国和斯堪的纳维亚总是抱怨：他们国家的咖啡品质甲天下，却没有得

1
美国著名影星，多年来为雀巢胶囊咖啡机 NESPRESSO 担任广告代言人。

到应有的关注。他们总是不停地说，至今还没有哪个意大利人赢得过国际烘焙大赛或是咖啡师大赛冠军。说得是没错啦！但说到底，这些也不过是比赛而已！我希望您明白，在咖啡领域，意大利是一个特例。意大利虽有劲道十足的浓缩咖啡，但正如 Arcaffè 咖啡品牌的总监恩里科·梅希尼所承认的那样："意大利的浓缩咖啡举世闻名、广受推崇，但除了意大利人却没其他人喝，因为口味太重了。"尽管如此，咖啡始终同"意大利制造"的标签、同"甜蜜的生活"（意大利文为"dolce vita"）联系在一起，这是一种人人都梦想的生活。更离谱的是，同其他民族比起来，意大利人其实较少喝咖啡，比不过那些喝着"洗脚水"的法国人。但意大利人习惯在咖啡馆和酒吧快速吞下一杯浓烈的咖啡。这里的人不是在品味咖啡，也不一定有什么心路历程或内心独白，却把这当成基本社会仪式的一部分。这就是意大利，再一次沉浸在自己的习俗和文化中的意大利。最后，我想用我自己的话简短地复述一下一个意大利香槟界的大腕朋友的话："意大利人和咖啡，就如同法国人和香槟，他们自以为一手遮天，以为自己知道的比其他人都多，但实际上，他们什么都不知道，什么都不关心。他们只顾着喝了，仅此而已。"

右页图
~
天然咖啡果正在悬空的晾晒床上晾晒。
在露天晾晒完全成熟的咖啡果
并用手不断翻动。
巴拿马威廉·布特的骡子庄园。

聚焦

"KAWHA" "CAVHÉ" "CAFÉ" ……

和早期的咖啡商人一样，植物学的先驱、文人墨客以及早期的旅行家会在许多语言中不断地对某个新词进行推敲锤炼。在法语里，"café"（咖啡）一词曾出现多个变体，其中包括"cavé""caphé""cavhé""kaffé"，甚至还有"chaube""caoua""caowan""kahwan""canua""kawa"，等等。沿街叫卖的小贩、亚美尼亚人、意大利咖啡商人创造出无数个异体字。在他们看来，咖啡豆就和蚕豆差不多，同可可豆接近，所以就称呼咖啡豆为"bunchum"，取自埃塞俄比亚方言中的"bunn"一词。今天的各种语言看来集所有这些词汇之大成，没有采用埃塞俄比亚词根"bunn"，而是从商业化的阿拉伯化词语"kahwa"衍生而来，转变为德语里的"kaffee"，英语里的"coffee"，中文里的"咖啡"（kā fēi），瑞典语和丹麦语里的"kaffé"，芬兰语里的"kahvi"，法语、西班牙语以及葡萄牙语里的"café"，希腊语里的"kafeo"，荷兰语里的"koffée"，意大利语里的"caffè"，日语里的"kohi"，波斯语里的"qéhvé"，波兰语里的"kawa"，罗马尼亚语里的"cafea"，俄语里的"kaphe"，土耳其语里的"kahveh"。只有埃塞俄比亚除外，因为这个国家至今保留着原生词"bunn"，原版万岁！

加布里埃尔·德·克利

　　加布里埃尔·德·克利就是神！我承认，这种说法有点夸张，而且有点为了押韵故意这么说，但他确实是被史书抬升到半个大神的地位。至少在法国这边，可是把德·克利当成咖啡界的祖师爷呢！

　　德·克利受法国国王路易十五的委派，把巴黎植物园温室里保存的几株咖啡苗带到波旁岛种植。他就这样乘着船，把法国历史上第一批咖啡苗带到了法国殖民地。可惜这些咖啡苗并没有存活下来。只能等到几年以后，几株也门来的苗木，也就是著名的波旁种咖啡最终被成功移植到这个法国海外岛上。

　　1723年，德·克利带着至少一株来自马尔利花园的铁皮卡种咖啡苗穿越大西洋。史书记载，他为了这株咖啡树而牺牲自己，把自己的饮用水留下来为树浇水；抵达陆地后，为保护它不受土著人和其他无知殖民者的袭击，他奋不顾身地睡在这株咖啡树旁边。多亏有他，这株小树才能成功抵达安的列斯群岛。

　　无论这株咖啡苗木是否存活下来，我们唯一可以确信的是：同许多为国王效力的探险水手一样，德·克利在回到欧洲后不久就失了宠，失去了财富并很快被人遗忘。但是他的后人们不遗余力地建造起一座博物馆，让他的名字永垂不朽。

滴漏式咖啡是"洗脚水"吗？

浸泡万岁

　　当顾客们跟我讲起糟糕的咖啡时，总是会竭尽全力地向我描述他们的厌恶，还不忘加上个鬼脸，而且总是会用到"洗脚水"一词。而美国人、德国人会说喝到了糟糕得不能再糟糕的咖啡，一种根本不能喝的咖啡，一种可怕的"洗脚水"！在大多数情况下，他们口中的咖啡实际上是一种咖啡含量较少或是经过滴滤的浸泡液。每到那时，我就会问他们同一个问题："可咖啡本身好不好呢？"然后他们通常会以瞠目结舌的表情来回答我的问题。

　　同烹饪中的许多情况一样，对一种产品来说，浸泡是最温和的方法，能够最大程度上保留并散发出香气和味道。虽然这种方法的特性是水质的，但绝不意味着原料和工序的品质平庸。所有的比赛、专业品鉴都是以浸泡法来进行的。尖身波旁之父弗雷德里克·德拉科拉瓦只对浸泡法调配出来的咖啡进行评判；他对浓缩咖啡和浸泡出来的咖啡做比较品鉴，会不假思索地决出高下。浸泡咖啡的香气组成比浓缩咖啡的要来得更广泛、更精确。也就是说，这种"洗脚水"能够带来惊喜，而且造就了实质上的品质标准。相反，醇厚强劲的浓缩咖啡并不是饮料品质的保证。这种工序过于强烈，压力达到 800~900 千帕，会大大减少咖啡的香气和均衡。消费者对此一目了然：在浓缩咖啡方面，就和其他各方各面一样，品质没有自始至终得到保证，还差得远呢！

近年来，某著名品牌推出了咖啡冲泡袋，其中的泡沫（而不是咖啡脂）既浓厚又持久，颠覆了整个咖啡市场。在这种滑稽的化学小把戏前啧啧称奇的广大消费者为之倾倒不已，以为这就是好咖啡。喝上或舔上这么一口，会让他们以为自己的推断是正确的，因为在这种泡沫里有糖、脂类以及醇厚感，再加上香味添加剂，显现出两三种主导香气，还有支撑"咖啡脂"的纳米颗粒，整个小把戏就大获成功了。这种咖啡带来的视觉效果实际上超过了味觉效果。

浓缩咖啡和浸泡咖啡之间的差异是主观的。如果您喜欢醇厚感，那就请选择浓缩咖啡；如果您偏爱细腻和层次感，那么就请选择浸泡咖啡。但要知道，这两者都很有前景。就像人们在体坛常说的那样："没有糟糕的准备工作，只有糟糕的教练。"

> 咖啡大国在国外的
> 名声很糟糕。

法国不是咖啡大国吗？

咖啡是法国大餐里不受待见的穷亲戚

在法国人自己和其他国家人民看来，在法国这个咖啡馆林立的国家，咖啡却是很糟糕的。全世界的报刊都在不断地大声披露这个丑闻。那这究竟意味着什么呢？为什么咖啡是法国大餐和法式生活风尚里不受待见的穷亲戚？

一个古老的传统

法国无疑是个咖啡大国，在咖啡的消费、传播以及加工方面居于主导地位。它是全球咖啡消费大国之一，超过了意大利，但被挪威、德国和美国远远地甩在了后面。全球最常见的咖啡调配方法之一"法压壶"就是以法国命名的，法国人的烘焙方法被称为"法式烘焙"（French

Roast）。但在历史上，法国曾经仅次于荷兰，是阿拉比卡种（波旁种）咖啡在全世界的主要传播国，曾是最早接触到全球三大饮料——茶、巧克力和咖啡——的国家之一。在18世纪末之前，法国在海地、波旁岛（今法属留尼汪）以及安的列斯群岛的殖民地在咖啡的质量和数量方面都名列前茅。后来，法国在非洲的殖民地同样在咖啡产量方面居领先地位……法国是第一批把咖啡馆变为真正的社交场所的国家之一，法国的咖啡馆就相当于意大利的酒吧、维也纳的沙龙以及新近流行的英语国家的咖啡店。大仲马和布里亚·萨瓦兰等诸多法国名人都曾描写过咖啡。最后，只要看一看各种咖啡调配方法，就会发现其中有好几种是19世纪时的法国人发明的。因此，咖啡可说是法国美食和社会文化遗产里的重要组成部分。

咖啡和法属殖民地

那么为什么法国咖啡的质量会变成如今这个样子？什么事情导致法国咖啡沦落至此？其中似乎牵扯到多种因素。法国大革命以后，法国失去了海地这个殖民地，而海地则是咖啡的风水宝地，而且一度成为全球咖啡产量第一的地区。法国不得不从别处寻找咖啡，而许多国家并不愿意把最好的产品卖给处死路易十六的革命党。拿破仑时期对英国实行大陆封锁，导致法国不得不转而喝一种德国饮料——把烘焙过的菊苣作为咖啡代用品的饮品。法国国民的口味就此转而偏爱苦味和简单的感官感受。半个世纪之后，法国和英国开始争夺非洲。法国占据了西非和赤道非洲，英国则占领了非洲大陆的东部和南部，而正是这些地区从留尼汪引进了阿拉比卡种咖啡，并成为适宜咖啡种植的宝地。法国和它的邻国比利时在非洲殖民地首先发现了大果咖啡，随后是中果咖啡（罗布斯塔种咖啡）。20世纪60年代，在这些非洲殖民地纷纷独立之前，法国一直在那里实行之前从未尝试过的模式，那就是批量生产。在短暂饮用大果咖啡后，法国人很快爱上了罗布斯塔种咖啡，这种咖啡的劲道和苦味与菊苣相似。为了支持其殖民地经济甚至后殖民地时代的经济（尤其是在《洛美协定》签订以后），法国为这些国家提供了稳定的收购价格，成为品质差强人意的罗布斯塔种咖啡的消费大国。当地的种植者因而把最好的咖啡卖给其他国家，而法国却只能进口那些卖不掉的劣质品。

屋漏偏逢连夜雨，"二战"后的法国为了保护国内消费者，政府为必需品制定了一份"价格清单"，其中就包括面包和咖啡。由于商家无法从售价中获利，就只能在成本上做文章，也就是把原料的收购价压低。非洲的罗布斯塔种咖啡从这场价格战中大大获益，当地人不惜以牺牲咖啡品质

左页图
~
巴拿马和印度幸存至今的高海拔地区典型的咖啡树景观。咖啡树在热带保护丛林各种主要林木的天然树荫下生长。

聚焦

用咖啡治病

关于咖啡的优缺点，每年都会涌现出数以千计互相矛盾的文章。这是一个重要且古老的话题。事实上，在白人发现罗布斯塔种咖啡以前，这种咖啡在很长时间内在非洲被用作传统药材——这就是它最初的用途。早期的咖啡文人，比如中世纪时的波斯诗人哈菲兹和伊本·西那就是如此记载的。伊本·西那曾写道："咖啡可以强身健体、清洁肌肤、去除湿气并散发幽香。"

后来咖啡同可可和茶叶一起来到了欧洲，引起了药剂师们的广泛争议，有人对它百般诟病，也有人对它歌功颂德。有一个名叫莫宁的医生发明了牛奶咖啡，让它看起来变得较利于消化……今天我们的某些习惯还表现出人们对咖啡的某种疑虑，比如印度人至今都很少喝咖啡，因为它不属于印度饮食习惯和阿育吠陀生活方式；西方国家则禁止儿童喝咖啡，尽管他们常喝的碳酸饮料中咖啡因的含量要远远高于浓缩咖啡。

为代价。这份价格清单直到 1986 年才被废除。在新生代的倡议下，法国咖啡消费如今正在经历一场变革，这也就不奇怪了。

咖啡是咖啡销售里的沧海遗珠？！

自 20 世纪 70 年代末以来，在咖啡馆、酒店和餐馆内的咖啡销售是从服务而不是产品角度来运转的。在咖啡的售价中，咖啡批发商将调配和冲泡咖啡的设备（咖啡机、研磨机、咖啡杯等）的成本降到最低，因为它们要摊入咖啡的价格，因此他们不得不降低原料和加工成本。这类服务降低了咖啡的品质。但是批发商和酒商联手，坐收渔翁之利。一个餐馆出于明显的管理考量，始终寻求减少供应商的数量。而酒商的角色就在于为餐馆提供尽可能多的产品：啤酒、葡萄酒、咖啡、茶、去污剂、椅子，等等。为了吸引广大餐馆老板，酒商会推销某种一揽子套餐，其中包含的不仅是食品，最常见的还有附加服务，从财务支持（押金、贷款、银行担保、投资理财）到人力资源，还包括房地产（购买房产、管理等）。如果数额巨大，咖啡将被当作可调节变量。其价格隐藏在整体报价里面，还会带着"买十送四"之类的折扣。这种做法造成的后果就是，咖啡的品质不再是第一考量。人们在意的是寻找报价最低的供应商，以实现利润最大化。在这种局面下，餐馆老板很少关心咖啡本身，对他来说，咖啡不过是开启其他产品消费的钥匙。在这种乱象上，还要加上禁烟令——在柜台上抽烟喝咖啡的传统不复存在，Nespresso 胶囊咖啡机深入千家万户也起到了负面的影响。现在您明白为什么法国咖啡品质不好了吧。这种局面很可惜，更何况法国是全球闻名的美食大国，手头掌握着重新打造法式咖啡艺术的全部王牌。

美国咖啡糟透了？

业界领头羊

真是没有一次例外：每当我讲到美国是咖啡界的代表国家，大家都会愣愣地看着我，并发出惊恐的叫声。但我还是坚持要说：美国是全球咖啡品质最好的国家之一。是的，你们一定会说美国人没品位，这是没错啦：他们会在塑料盘子里把番茄酱和罗克福干酪加到沙拉里一起吃；他们那儿到处是被石油污染的牛奶；美国人把糖浆当水喝，整天嚼着用转基因棕榈油和棉花油做的曲奇饼干解馋。但我们不得不承认，这个幅员辽阔的国家拥有多元文化，在某些方面也摆脱了我刚刚提到的那些垃圾食品。

左页图
~
将杯测匙浸泡在温水中。
品鉴需要时间、安静、休憩和从容。
品鉴结束之后才是交流分享的时间。

甚至其中一些吃着垃圾食品的人士也并非没有他们的道理。

除了顶着全球第一消费大国的头衔以外，美国还是高品质咖啡的领头羊。星巴克的问世，实际上是始于 1971 年一次试图推出优质浓缩咖啡的尝试。星巴克是在美国西海岸诞生的，那里有如今最好的咖啡店（Espresso Vivace、Stumptown Coffee、Ecco Caffe，还有 Intelligentsia Coffee、Blue Bottle 等），还有全球最棒的咖啡师。波特兰、旧金山和西雅图都是咖啡店云集之地。美国人正是在那里领略到了浓缩咖啡的风味。

法国的一些新生事物早在几十年前就出现在美国，其中包括大量的单品咖啡豆、大行其道的直销方式、无限畅饮的卡布奇诺和拉花艺术（英文为"latte art"）、最新型的浓缩咖啡机以及创意让人叹为观止的萃取工艺。顶级浓缩咖啡机 La Marzorro 生产商的部分股东是美国人，这绝对不是巧合。

"洗脚水"

那么，为什么我们会对大洋彼岸的咖啡口味有着如此根深蒂固的成见呢？首先我们要提一下，美国的咖啡大都是滴漏式咖啡。这始终受到法国人的诟病，总觉得滴漏就一定不好，因为法国人每天早上、中午和晚上喝的都是咖啡壶里煮出来的咖啡。滴漏恰恰就成了"洗脚水"的代名词。其次，同欧洲贩卖的咖啡不同，美国人消费的咖啡品种口味较为清淡甘甜。那些咖啡树上通常都结着黄色的果子，比如黄色波旁种，它们长得有点像法国出产的优雅细腻的黑皮诺葡萄[1]，同法国人心目中口感苦涩爆裂的神级意大利浓缩咖啡真是相差十万八千里。最后，美国人喝咖啡时一定要加奶或糖浆。那儿的咖啡不是装在咖啡杯里，而是盛在海碗里，成了一种奶香四溢的饮料。而浓缩咖啡机是在 20 世纪 70 年代在美国西海岸诞生的，在进军芝加哥等大城市之前，主要被用来提高牛奶产量。

摩卡咖啡是否真的存在？

从咖啡销售重镇到咖啡的名字

您一定常常听说埃塞俄比亚的摩卡咖啡，甚至可能还是这种咖啡的粉丝；或者恰恰相反，这是您最为讨厌的咖啡：太湿、花香太重、太酸、果味太重。您最欣赏的是那种具有醇厚感的咖啡，一种具有"气场"的咖啡。这里就涉及了个人喜好和口味问题。名称不过是一连串单词的组合——您可得小心了，我们对此并不赞同，一点儿都不！"摩卡"一词可以写作

[1] 用来酿造红葡萄酒的一个葡萄品种。

右页图
~

左：忘掉咖啡中的禁忌吧。
浓缩咖啡中咖啡因的含量要低于大部分碳酸饮料。在哥伦比亚，咖啡是当地儿童早餐中的一部分。
右：忘掉那些快速的比较吧。
我们当然希望老树上能结出最好的果子，就同橄榄油和葡萄酒一样。
在热带地区和咖啡领域却并非如此。
巴拿马博克特唐佩奇庄园中保留的百年铁皮卡种咖啡树。

聚焦

大地

大地和海洋无疑是最不为人知的神秘所在。

大地包容万物：在 1 克土壤（腐殖土）中蕴含了 10 亿个微生物，而一个咖啡匙中含有的微生物要比整个地球上的总人口还多。在咖啡的世界里，大地主要是咖啡树扎根的地方。凭借绵延生长的根系——一株麦穗的根系总长度超过了 5000 米——植物得以汲取维持其生长和平衡所需的营养素。几十亿微生物和真菌分解各种有机物和来自地心的矿物质，有些微生物把这些有机物和矿物质通过根部传输给植物。生物动力学专家因此认为：植物的大脑其实在土壤中。地球需要大量空气，需要有生物生长并得到滋养，持久进行永恒的嬗变并为全世界提供养分。

"Moka""Mokka""Mocha""Mokha"，甚至是"Moccha"，可以拥有多种含义，也可以毫无意义。对法国人来说，摩卡是一种来自埃塞俄比亚的咖啡。尽管每个人都会特意提到：这可是"埃塞俄比亚的摩卡咖啡"！似乎是为了去除大家对产地的疑虑。"埃塞俄比亚的摩卡咖啡"这一说法被滥用了，只要有滥用就一定有古怪。这里面的"古怪"在于，摩卡作为咖啡贸易重镇，其实并不位于埃塞俄比亚，而是在也门。听起来很荒谬吧？也并不完全是，因为在也门咖啡贸易的黄金时代，来自埃塞俄比亚的咖啡豆是在摩卡卸货、装袋并发往世界各地的。咖啡就这样以发货港的城市名命名了。阿拉比卡种咖啡也是如此，它之所以叫这个名字是由于这种咖啡豆在当时被装在骆驼的背上从也门出发，通过阿拉伯半岛运往世界各地。这么看来，这种说法也就值得原谅了，更何况"埃塞俄比亚的摩卡咖啡"的说法早在16世纪就出现了，后来就这么被以讹传讹了！另外，从那时起一直到殖民时代，人们还是对摩卡咖啡和埃塞俄比亚帝国的咖啡加以区分的。但后一种说法后来完完全全地从咖啡字典里消失了，这和茶叶的情况恰恰相反——茶叶历史中有些说法一直流传到现在。当我们提到红茶，我们不会采用后殖民时代产生的"斯里兰卡"一词，而是沿袭"英国锡兰"这个称谓。那么，我们能不能说咖啡善于颠覆传统，而茶叶则因循守旧呢？无论如何，语言上的混淆并非说法语人士的专利：巴西人把摩卡称为"Caracoli"，到了意大利人口中就成了"macchinetta"，而这个词在法语里指代的却是一种意大利咖啡壶。摩卡可以指代产自埃塞俄比亚的阿拉比卡种咖啡，但也可以是产自也门的。最后，在糕点师的字典里，摩卡是一种有点过时的甜点，是一种加了牛油、奶油和咖啡粉的海绵蛋糕。总之，我们至少可以说，"埃塞俄比亚的摩卡咖啡"这个说法确实广为流传。一名咖啡爱好者最大的快乐可能莫过于在摩卡的广场上，喝上一杯用来自摩卡的摩卡咖啡豆在摩卡壶里调配出来的摩卡咖啡，当然不要忘记配上一块美味的摩卡蛋糕。

《圣经》里只提到过某种"烤焦的种子"。

❀❀❀

大卫、所罗门和荷马喝过咖啡吗？

人类喝咖啡始于何时？

在各大论坛和社交场所，咖啡爱好者和技术控们都会兴致勃勃地从西方文学中挖掘出咖啡在古代存在的证据和蛛丝马迹。但仔细看来，其中的真实性值得推敲。西方文化中的两大著作《伊利亚特》和《圣经》经常被那些急性子的作者用来作为支持咖啡起源说的证据。根据那些最狂热分子的说法，西方历史中的两大重要人物大卫和所罗门可能喝过咖啡。大卫把咖啡当作饮料来喝，所罗门则用它来治病。可事实上，在《圣经》(《路得记》第二章和《撒母耳记》第二十五章）的文字记载中只提到过一种"烤焦的谷物"可以制成一种"黑色的汁水"，也就是一种烤焦谷物制成的饮料，比如大麦。而如果这种饮料发酵了，那么《圣经》中提到的可能是最早的黑啤酒——一种源自古埃及的经烘焙发酵后的谷物啤酒。另外，让神父和其他犹太教神秘哲学家则表示，他们无法就咖啡长篇大论，因为咖啡在圣经时代并不存在。公元前 7 世纪，具有摧毁一切的迷人力量的美女海伦曾经喝下一种名叫"忘忧草"的异国黑色饮料。这会不会是神明的琼浆或是来自埃及的饮料呢？没有人知道个中究竟。广大咖啡粉丝们想要从中找到有关这种饮料的最早记载。穆斯林文化也是如此，因为穆罕默德本人就曾经享受过咖啡的好处：当这位先知在祈祷中犯困时，大天使加百利就曾赐予他一种"黑得像圣石"一样的饮料来帮助他保持清醒。穆罕默德喝下了这种饮料，然后精神抖擞地完成了祷告。所有的假设都脆弱得站不住脚，最好还是相信那些美丽的传说故事吧。

聚焦

奉上咖啡是一种爱的宣言

奉上咖啡是礼仪规范和服务中的薄弱环节，尽管每天奉上的咖啡超过 10 亿杯。在咖啡店里的服务往往只限于买单叫号，或是由一个躲在咖啡机后面的咖啡师生硬地对咖啡描述一番。然而，我们的工作完全建立在服务是为他人效劳的信念之上，是一种文化，需要我们全力以赴。不要忘记，服务是一种奉献，一种利人又利己的社会承诺。一颗敞开的爱心、一个和谐的手势、一张殷勤好客的笑脸，构成了成功服务的秘诀。这也是一个展示的窗口，一种打造体验所特有的技巧。更何况，咖啡作为来自热带地区的东方饮料，具有无限的体验潜力。所以，赋予餐后咖啡以仪式感并把咖啡服务重新提升到应有的高度是切实

可行的。因此，我们的多位专业客户会在餐后奉上用装葡萄酒的长颈瓶盛放的冷咖啡，或是将菜肴和咖啡相搭配；另一些客户，比如米其林三星大厨安娜－索菲·皮克，她会提供多种咖啡选择，在宾客面前研磨咖啡，并在备餐桌或是小圆桌上奉上冲泡好的咖啡。盛放着咖啡果、羊皮纸咖啡豆、咖啡生豆、烘焙好的咖啡豆的小罐子，可以创造出一种视觉氛围，促进知识的传播。冲泡咖啡所用的器具、精确和谐的手法都在提醒我们：咖啡需要无懈可击的技巧。对时间的掌控体现出服务的专业，避免破坏餐桌上的氛围。至于餐具的选择，则必须符合严格的工艺和美观标准。一切都必须让宾客深切感受到法式大餐的优秀传统。

访谈

恩里科 · 梅希尼

恩里科 · 梅希尼创建了 Arcaffè 和一个名叫 CSC

（Caffè Speciali Certificati，意为"精品咖啡认证"）的协会。

他是意大利咖啡的捍卫者和推广人之一。Arcaffè 被卖到了世界各国，包括韩国和以色列；

而 CSC 协会则负责为其成员监控在国际市场上购买到的咖啡的产地和品质。

大众认为意大利供应的是"全球最好的咖啡"，您怎么看？

梅希尼：在大众看来，意大利咖啡一定劲道十足，哪怕牺牲口味和腻感也在所不惜。在我看来，标准的浓缩咖啡必须芳香、甘甜、富有醇厚感和黏稠度，而且酸度很低。喝浓缩咖啡的感觉，可说是"mangia e bevi"（又喝又吞），有点吞下某种介于液体和固体之间的物质的感觉。而且，为了冲泡出一杯浓郁的咖啡，必须采用罗布斯塔种咖啡豆；但如果放得太多，就会变得太苦。实际上，意大利人渴望的浓缩咖啡，必须在口中有"惊艳"的感觉，充盈且具有饱和度，其中的醇厚度和苦味是外国人及许多意大利北方人受不了的。不过，并非所有人都赞同这种对浓烈咖啡的定义，这种定义甚至损害了意式咖啡的形象，在第三波和第四波咖啡浪潮之中尤为如此。话虽这么说，还是有很多优秀的意大利烘焙师的。但无论怎样，意大利凭借其咖啡产业和活力、它发明的浓缩咖啡和芮斯崔朵，依然是首屈一指的咖啡大国。

那么，意大利咖啡究竟存在吗？

梅希尼：在我看来，意大利咖啡不过是故弄玄虚的把戏。这只是一种概念，实际上是在意大利国内外都不存在的一种概念。我们经常听见有人说意大利咖啡独一无二云云。在他们看来，意大利人总是在抱怨外国人不懂得泡咖啡。可事实上，这种"一刀切"的评价往往来自那些不了解咖啡、不了解浓缩咖啡的人，或者是那些以为自己很懂但实际看法失之偏颇且人云亦云的人。

意大利人喝咖啡的方式是否与众不同？

梅希尼：其他国家的人受不了浓缩咖啡，这是种很有趣的现象。盈盈一小杯过于浓烈的咖啡，在许多国家都卖不出去。"怎么回事？我的咖啡杯里几乎什么都没有，而我却要支付同样的价钱？"很多国外不懂行的顾客往往会这样提出抗议。世界各地存在着各种文化差异。意大利人会计算自己每天所喝的咖啡杯数，而且会在酒吧喝咖啡。"您想要来杯咖啡吗？""不了，我已经喝过了。"[1] 而世界其他国家的人们则是全天候喝咖啡。出于同样的道理，意大利人无法想象在下午喝卡布奇诺——这已经成为我们判断顾客是意大利本地人还是外国人的方法，而且屡试不爽。但是，意大利毕竟同其他国家一样存在于同一个星球上，那些外来新事物，比如法压壶、滴滤式咖啡壶乃至芳香化，目前虽然在意大利和法国遭遇挫折，但随着新科技和社交网络的应用，到 2020 年会逐渐赢得市场。

1

原文为意大利文。

您目前是怎样看待咖啡的未来的？

梅希尼：目前前景尚不明朗。继越南一跃成为咖啡生产大国以后，比较明显的趋势是巴西生产力提高、哥伦比亚咖啡生产复兴以及咖啡生产国跻身咖啡消费国行列。其中较具有代表性的就是巴西了：现在巴西不再只是全球第一大咖啡生产国，还是主要消费国之一，说不定很快就会超过美国了！在这方面，现在全世界的目光都投向了亚洲国家。

如果说，近年来韩国对咖啡的狂热并未打破全球咖啡市场的平衡，那么所有人都在琢磨在中国发生的消费现象。中国一定会快速成为咖啡生产大国，尤其是中国西南部的云南地区，这势必将影响整个咖啡市场格局。

一提到咖啡，我们就会提到意大

利。每个国家都有自己的传统。您去过许多国家，在您看来，哪些国家的传统是比较典型的？

梅希尼：事实上，每个国家的口味都是某种传统的产物，即使这些口味看起来很好笑。就拿印度来说吧，当地人——哪怕是咖啡种植区的那些——所喝的咖啡总是让我目瞪口呆：里面经常混合菊苣，似乎当地人很喜欢菊苣的苦味和单纯的口感；而在韩国，咖啡消费是新生现象，精品咖啡极其盛行。但当地人不分青红皂白地引进咖啡，在咖啡带来的外来影响和当地文化之间甚至没有出现任何可能的自然融合或过渡。先是浓缩咖啡在当地神奇爆红，现在则全部是精品咖啡。韩国人喝咖啡时会严格遵循美国精品咖啡协会规定的全部标准和口味，也就是说，他们追求酸味。

我们可以把这种结论推及今天的精

品咖啡和全世界各大赛事所推广的理念上面，那就是追求酸味。如果说酸味是咖啡的基本特性之一，那么所有特性之间必须是均衡的，必须融入整体而不是成为整杯咖啡的主导口味。否则还不如喝橘子水呢！在如今的人眼里，一杯好咖啡是酸的，他们并不区分发挥作用的是哪一种酸（最常见的是柠檬酸和苹果酸）。对我来说，这等于在把品鉴咖啡的水平拉低。不能只凭酸味来评定咖啡的好坏，而不顾其他感官因素的表现和均衡。在一个交响乐团里，如果只听见两种乐器，那么一定会炸开锅。在咖啡杯中也是如此！

捍卫

我们的信念

咖啡轻抚着喉咙，一切都开始跃动起来：思潮翻滚，如一支大军的各个连队，纷纷排兵布阵。战斗打响了。记忆挥舞着大旗，猛冲过来。各种比喻像轻骑兵策马飞驰，逻辑的炮队带着论据和衔接急急赶到，金句如狙击手的子弹，落地有声；人物形象异军突起；笔尖在纸上游走，战事如火如荼，最后以墨汁横飞而告终，消弭在弥漫的硝烟中。

——一生曾喝过 5 万杯咖啡的巴尔扎克

是否要捍卫自己的信念？

孜孜以求

在很长一段时间内，我都想象自己是名战士。一名为了捍卫事业，捍卫终生的事业，而前去革命的战士，全身心地投入行动。伊利亚·卡赞执导的《萨巴达传》还有阿瑟·库斯勒小说《中午的黑暗》中的悲情英雄人物从未让我灰心丧气，我认为自己是一个"为事业拼搏之人"。后来，我总算回归理智，在现实的面前撞得头破血流，我无法做到，我厌倦了，很快就深深地厌倦了。我第一次意识到，我完全理解错了，这就好像一种冒犯、一种侮辱。再后来，一路走来，我明白了要听从感觉行事，同自己融为一体，这也许才是适合我的斗争方式。从那以后，我一直试着去这样做。

无论是在法国还是在别处，人们往往把捍卫和投入同筋疲力尽和斗争、睚眦必报和感慨万千、否定和握紧的拳头混为一谈。战士们总是有理，却往往天不遂人愿，而正是这种不得志，或是某种想要补偿的心情，激励着他们奋起抗争。而我却做不到。我热爱幸福并寻找极乐。一种幸福的投入、愉悦的投入，而不是奢华，在我看来，正能量带来的投入才更为自然。这是一种极其简单、符合逻辑的东西，我追求愉悦，因为我是人，这种我感受到的舒畅恰恰是人类所拥有的舒畅。所以，我不会为了捍卫某种工艺而去购买手工鞋，尽管这种行为令人肃然起敬，也不会响应布热德运动的号召或是秉承行会精神，这在我看来并没有多大意义。知道有人亲手做了这双鞋，亲手选择皮革，他为自己的工作深感自豪，这让我

章首图
~
晾干的羊皮纸咖啡豆。
咖啡豆在送到时的湿度约为 12%，
然后放在阴凉通风的仓库里储存。
它们会被装在麻袋里静置几个星期。

感到无限喜悦，给我力量，在我和他之间、在这段故事和生活之间建立起了纽带。

我希望每个人所做的都是自己认为有意义的事情，都是为了自己而去做。其他方面是如此，在咖啡领域也是如此。正是出于这唯一的原因，我喜欢拜访那些同我合作的咖啡农并和他们交谈。总而言之，如果没有爱，没有人性的光辉，没有见面和交流，就不会有品味的存在。而在消费社会中，人们对于富足和囤积居奇怀有某种狂热，即使遭到百般诉病也在所不惜，我们可以通过购物去投入日常生活，赋予生活以意义和美感。在我眼里，这条路是基石，唤起了我两方面的思索：第一种思索来自环保学家尼古拉·于洛等圈内人士。这些环保人士面对保护消费者权益运动所引起的人类的苦痛表现出他们的愤慨。这种苦痛实在令人难以忍受。有一位犹太哲学家兼艺术家朋友，永远在流浪漂泊，他就表示自己流浪的生活模式是因为无法在当今社会里生活，在这种社会里，人人都知道某家制造智能手机的工厂屡屡出现员工自杀事件，但有人还是会为了拥有最新型手机而狂热得不顾一切。

你们一定会说：这话可扯远了，这同咖啡没什么关系呀。才不是呢！我们刚刚讲到点子上了。西方人是喝咖啡最多的人群，可如果我们在喝咖啡之前想一想里面到底有什么东西呢？倒不是要像某些记者那样打破砂锅问到底，仅仅是为了告诉自己："这里面是毒药""这是一桩大秘闻"。我们只需想办法了解一下我们的杯中物，了解我们动作的意义，我们所缺乏的品味以及我们的轻率。在了解这些之后，我们还会不会每天喝上十杯咖啡呢？

"谁在坐收渔翁之利？"气愤的人们呐喊道。我和别人不一样，我还是觉得并没有人渔翁得利。到底是谁从中获得尊严？谁从这个产品链和这种贸易中崛起？没有人，因为事实上，我们每喝一杯咖啡，财富就变少了一些。

尊 严

我想要在本章内讲述的内容长久以来激励并感动着我，那就是尊严。这个词令人生畏，却是唯一一个能够在我的每一杯咖啡中表达出我的个人信念和我试图传递的信息的词语。尊严，就相当于努力创造美好生活的想法，因为这种想法同我们的深层价值观相吻合。某些优质葡萄种植者曾告诉我，生物动力农法和天然农业法等种植方法曾经救他们于危时，因为他们最终发现，可以在辛勤耕耘的同时做回自己，呵护土地及其消费者，从

> 如果没有爱，
> 没有人性的光辉，
> 没有会面，
> 没有交流，
> 就不会有品味的存在。

❋❋❋

之前被忽视的修行、神圣和某种前所未有的意义中获取滋养。一位当时曾处于人生转折点的年轻大厨曾告诉我："我现在是这个岁数，如果我继续下去，那么以后我只能对自己说：'我一辈子都在烧菜，我干得不错，甚至可以说很棒，但以后怎么办？'我想要获得某种意义，我想要以深刻的、均衡的方式烧菜，并同一个群体分享这种协调性，从土壤到碟子，都为此而活。"让我们倍感欣慰的是，这种协调性、这种追求和这种为了某种意义而奋斗的绝对必要性开拓出许多出路。不只有一条出路，而是无限多条。人类始终都是自己道路的开拓者。

许多条出路

我们可以加入《左手咖啡，右手世界：一部咖啡的商业史》(*Uncommon Grounds: The History of Coffee and How it Transformed Our World*) 作者的复仇之路上去——这位作者在他的书中大肆批判了同奴隶制度密不可分的血腥的咖啡种植贸易史；我们也可以学习我的一个朋友克劳迪奥·科尔洛，他在圣多美和普林西比群岛种植可可和咖啡，依靠一种融入自然万物、不受外来干扰的农业种植方式过着一种完全简单朴素的日子。在印度经常同我合作的大卫·豪格先生也是如此。他是在奥克兰郊区长大的新西兰人，在 20 岁就决定离开家乡闯荡。他去了哪里呢？印度。为什么呢？因为他觉得印度召唤着他。他收拾行装，就这样踏上了德里的土地，觉得那儿才是自己的家。在静修院中待了十几年以后，他遇到了新西兰生物动力农法之父彼得·普克特，后者当时已经开始同印度农场合作。大卫跟随他并在一旁辅佐，四处奔走推广生物动力农耕法，帮助那些想要学习这种新方法的人们。现如今，大卫为数十个种植园提供帮助，彼得则同近百家农场合作。

我们也可以偷师留尼汪岛的农学工程师弗雷德里克·德拉科拉瓦。那里是法国的海外省，其经济受到法国本土的接济，呈现出的并非自然的态势，整个社会结构遭到破坏。即使当地人已经完全脱离了土生土长的乡村并受到现代社会的全面冲击，弗雷德里克仍然努力让这种农法在当地深入人心。他的合作社让所有人都能够在一块适宜高品质咖啡种植的风土上生产出全球最好的咖啡之一并以此维生。在这座失业人口占总人口 50% 的小岛上，人们习惯了吃速食菜，虽然这里拥有全法国九成以上的生物种类，这里的大自然却被城市所取代，弗雷德里克所推行的无疑是一项冒险的事业。

上两页图

~

两种农耕法，两种土壤。

左：不存在枯枝落叶层，腐蚀土被冲刷殆尽，土壤密实不透气，根系较少，没有动物生存。在哥斯达黎加塔拉苏的某个传统种植园中的树干以下 15 厘米土壤剖面。

右：枯枝落叶层丰厚，深色腐蚀土，土壤厚实透气，根系广阔密集。动物种类丰富多样。在哥斯达黎加的某个采用有机农耕法和农林间作法的种植园。

以生物动力农法种植的植物

资料来源：弗朗索瓦·布歇（参见第 309 页至第 310 页参考书目）

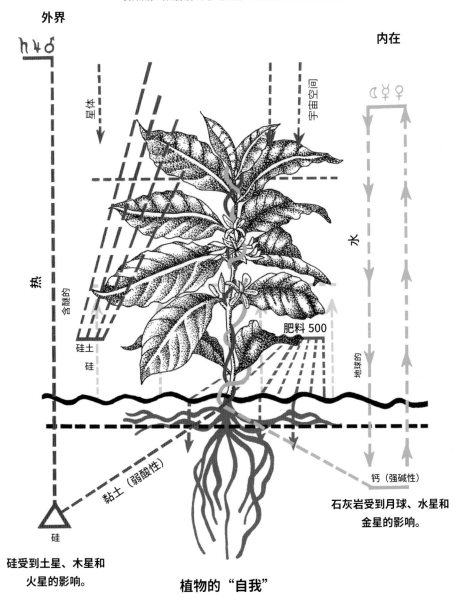

外界

内在

星体

宇宙空间

热

水

含醚的

硅土

硅

地球的

肥料 500

黏土（弱酸性）

钙（强碱性）

硅

石灰岩受到月球、水星和
金星的影响。

硅受到土星、木星和
火星的影响。

植物的"自我"

食物品质：糖、口味。

有性繁殖：数量、种子。

植物繁殖：含醚、水平状态。

寻求"自我特色"：风土、垂直度。

不同的等级

经常有人问我对工业咖啡的看法，他们总是希望能够听到我附和他们说"糟透了"。这让我很吃惊。农用工业有农用工业的职责，那就是在确保产品流动和安全的同时获取利润和产量，并尽可能实现产品的均质、安全和可再生。如果我们不赞同上述理念和价值观，那么还是像我一样尽量避开农用工业，积极推广并实现其他途径为好。我也不得不承认，我比较偏爱带有某种认证标签的工业，比如工业界不会采用的"雨林联盟"环保认证——工业界永远不会无私慈善地去采用这种认证标签，他们只会追求利润。尽管这种认证标签尚有待改进，但这种努力往往是造福整个星球的一大步。只要每个人都贡献一份自己的力量，某些人就会跑得非常远非常快，即便另外一些人正在一步一个脚印徐徐而行。"咖啡树"咖啡教室也想要为此略尽绵力，把整个标准抬升到尽可能高的境界。

改变模式

如今的咖啡种植业就算不处于深层危机，也可说是走入了一条死胡同（参见第 77 页《认识》一章和第 101 页《了解》一章）。让我们暂且回到体制问题：在过去几个世纪内，咖啡是凭借奴隶制度得到传播的。殖民者把非洲的咖啡成功地带到了中美洲和拉丁美洲，因为他们当时有美洲大陆的劳动力帮忙。因此在很长一段时间内，咖啡业是借助这种奴隶经济运行的，而巴西等咖啡生产大国则积极寻求废除奴隶制度，并期待着有朝一日能看到饥饿的欧洲佬来到自己的土地种植咖啡。而我们今天看到的是什么？一切的一切都导致咖啡农——其中有小种植者，但近来那些大型种植者也被牵连进去了——无法像过去一样依靠咖啡种植养家糊口。这2600 万咖啡种植者中的大部分为家庭型种植（多种栽培等），他们的咖啡种植收益、种子的品质、农业知识传播率、病害的复发以及气候变化都强烈影响着产量、生产成本以及品质。更何况咖啡市场价格是建立在阿拉比卡种咖啡和罗布斯塔种咖啡两大交易所的基础上，其波动性极强。现在你们应该明白，为什么咖啡正处于"危机"和"衰退期"之中了吧。

安德烈·卡里尔先生是咖啡专家和非洲通，他也对此表达了自己的担忧："另一种担忧关乎当前非洲咖啡种植业的现状。由于多个咖啡生产国（马达加斯加、科特迪瓦等）的政局不稳定和货币贬值，咖啡种植业这几十年来正在迅速衰退。只有东非几个极少数国家才有能力维持自己的咖啡产量。阿拉比卡种咖啡在非洲的第一生产大国埃塞俄比亚正在奋力一搏，但必须面对人口高度增长、森林乱砍滥伐以及利润更为丰

> 广大咖啡农
> 再也无法像过去一样
> 依靠咖啡种植养家糊口。
>
> ❦❦❦

◇◇

创造咖啡的那些人……

总督夫人和帕列塔

　　婚外情往往是家庭悲剧的开端。这种不伦恋会伤透家人的心，造成家庭离散，羞辱了无辜的一方，也让有过错的一方陷入悔恨和自责之中。这一切真的令人扼腕痛惜，但这些可恶的通奸行为从长期看，有时对历史的进程却会产生正面的影响。就拿法属圭亚那总督夫人奥维利夫人来说吧，那是在 1727 年，只有法属苏里南和安的列斯群岛种植有咖啡。巴西等其他国家对这种具有广阔前景的新植物早已虎视眈眈。这位总督夫人为了打发寂寞，或者是出于对丈夫冷落自己的报复，在某个名叫弗朗西斯科·德·梅洛·帕列塔的巴西军人、痞子和冒险家的不懈追求下，落入了后者的温柔陷阱。在接受情人追求的同时，奥维利夫人还在一束花中藏了几株咖啡苗作为礼物赠送给他。这位迷人的帕列塔先生一收到这些宝贵的咖啡苗，就毫不迟疑地抛下了总督夫人，把咖啡带回自己的家乡巴西帕拉地区种植，很快就在里约和圣保罗发展起了咖啡种植业……

◇◇

厚且较耐干旱的阿拉伯茶的竞争。如果没有当地的投入和技术支持，那么在效仿越南疯狂维持高度集中的同时，我们就会像坦桑尼亚一样一蹶不振，无法重新提高这些国家的咖啡产量。坦桑尼亚曾经出台一项种植政策，从而一跃成为罗布斯塔种咖啡第一生产大国和全球第二咖啡生产国，但由于当地人采用的是非可持续农耕法，所以自 2010 年以来该国咖啡产量出现了不可避免的下滑，急待重新振兴。"

咖啡贸易：投机性强且不受管制

差率价格

　　在很长一段时间内，咖啡生豆贸易是受到监管的，只是在近期才放开，让咖啡跻身于食品行列。就如同证券市场一样，咖啡贸易具有投机性，是建立在所谓的"期货"（英文为"future"）之上的，也就是预埋单和期货合同。此外，咖啡特有的定价机制受到差率价格和溢价这两种变量的支配。一方面是以某个国家所产咖啡的平均品质决定的差别价格，在市场价格上下浮动（优质产品的价格增加30%，劣质产品的价格降低

50%）。这方面的代表国家是哥伦比亚、巴西和洪都拉斯。哥伦比亚以生产高品质咖啡而闻名，巴西咖啡的品质中等，洪都拉斯最差。因此，哥伦比亚咖啡的价格比市场价要来得高，巴西咖啡价格略低于市场价，洪都拉斯咖啡价格则远远低于市场价——这就是所谓的差率价格。也就是说，如果市场价格为每磅 0.156 美元，那么巴西的差率为 -20%，巴西咖啡的价格则为每磅 0.124 美元；哥伦比亚的差率为 70%，其咖啡定价则为每磅 0.265 美元；而洪都拉斯的差率为 -50%，其咖啡价格就为每磅 0.078 美元。

溢价

另一方面，几个国际性大公司私下推行一种标签认证金融估价体系。也就是说，公平贸易咖啡的价格是被高估了，有机咖啡也是如此。如果你生产的咖啡带有"有机"或者"公平贸易"的标签，那么你就可以以每磅高出市场价 50 美分的价格出售。这种所谓的"溢价"系统是可累积的，这就解释了为什么有些人根据估价竭力追求标签认证。最后，精品咖啡的售价往往超出所有这些比率，因此吸引了广大咖啡农。尤其是"卓越杯"认证和巴拿马翡翠庄园推出的种植园收成直接拍卖，它们成了将价格抬高的生力军，其最终均价是市场价格的两倍。

优点和缺点

和所有机制一样，只要几个重大的疏忽就能让一个好点子陷入恶性循环。价格是白纸黑字写在合同里的，而合同的有效期有好几年，在公平贸易中尤其是这样。如果在合同期内市场价格上升，农民则无法从中获利……因此，每当出现这种情况时，当地农民往往会借助预测或真实发生的巴西气象重大灾害，借口歉收而拒绝把咖啡卖给公平贸易组织，转而贩卖到传统市场。公平贸易组织经常被指责让广大农民吃不饱饭，上述情况就是原因之一。其实，同传统价格一样，公平贸易价格本身也具有波动性，咖啡农无法从中赚钱，却也不会饿死。

介于功用和豪夺之间的中间人

最后，全球贸易整体是受到寡头严重垄断的，Ecom 和诺伊曼咖啡集团（Neumann Kaffee）等四五家大公司几乎掌控了整个生豆市场。我们可以告诫自己，正如我们在"咖啡树"咖啡教室常做的那样："从咖啡农那里直接购买，以便我们支付的全部金钱都能够落入他们的腰包，而

左页图
~
本书作者正在哥斯达黎加萨尔塞罗地区
埃尔萨有机种植园同园主
里卡多·佩雷斯交谈。
里卡多是小型生豆处理厂改革的
积极倡导者，正推动中小咖啡生产者调整
咖啡豆采收后的处理方式。
他对于有机农业的贡献主要体现在他提高了
枯枝落叶层的品质并增加了树荫下的
生物种类。

聚焦

树荫

在现实环境下，人们很难领会树荫的真实价值。对我来说，树荫属于改变我人生的一大发现，改变了我看待种植园及我在大自然中漫步的方式。当我们在高品质咖啡领域工作，所有人都会提到树荫——"咖啡树必须在树荫下生长"。起初，我对这席话的反应很小儿科："啊，是啊，必须的，这很重要。"就好像重复贝多芬的《非如此不可》（德语为"Es Muss Sein"[1]），核实这种树荫的实际情况并测量光照度和荫棚百分比。"必须的"，没错，为的是减少温差，为了降低极端高温，为了保持土壤湿度，尤其是为了保护树叶不被阳光晒伤，为了创造有机物质，为了容许动植物生存，等等——所以是"必须的"。后来在炎热的一天，在前往巴黎现代艺术博物馆参观时，在8月盛夏的阳光下，我两岁的儿子奔跑着跳进了展馆里的一个展品内——一个用镂空金属牌制成的洞穴模样的玩意儿。我赶紧跑过去抓住他，以免他弄坏展出的艺术品。但当我找到他时，他却安静得出奇，正端坐在那里朝四周张望呢。于是，我也钻进了这个"洞穴"，马上就被一种温柔、祥和以及轻柔的感觉包围了——我很久没拥有这种感觉了。随着光线的移动，树荫变幻并交替，和谐地扩散到我和我儿子的身上。我以为自己正置身在一件移动中的精心创作的点画派作品中。在一座种植园里，树荫为热带的炎炎烈日带来这种祥和感，并和谐地扩散开来，同时有缕缕阳光射进来，就如同一个色彩柔和的多面旋转球。

右页图

~

一座保护林里的天然树荫如果过于浓密，当地的咖啡产量就会较低。

（巴拿马博克特）

不让中间人坐收渔翁之利。"这样可以让农民兄弟们养家糊口，并将资金用于提高咖啡品质。

这里存在的唯一难点在于：存在即合理。如果有中间人存在，那就说明他自然有他的作用……交易员、出口商、批发商、进口商和代理人对于农用工业和生产者都会起到至关重要的作用。我们只需举一个例子即可说明情况。当我向一名从未合作过的咖啡农提出直接合作的要求时，他的回答往往是："我已经同某某公司合作了，虽然我也想换种方式干，但我自己没办法把所有的咖啡豆都卖掉，因为只有出口商才买得起……"在那些银行贷款利率接近高利贷的国家，出口商会预先购买农民的收成，让后者能够在为期好几个月的农忙期内雇用人手、支付加工费用和两个月静置期间的费用……所有的服务都要钱，欠债不还就要坐牢。没有这笔钱举步维艰：要想在这种大环境下和未来的几年中生存下来，咖啡农必须提前以市场价的一倍甚至两倍的价格直接出售他的产品。这样说起来，国际咖啡组织（OIC）针对咖啡资源分配年度广告就不足为奇了：咖啡售价中只有1/6属于咖啡生产国，咖啡农本身拿到的份额则更少。正因如此，我们正尝试同咖啡农之间尽可能地建立起更为紧密的合作关系，尽量减少贸易链的中间环节。

丰富的能量让农用工业化成为可能

殖民大国用自己的工业方式和专业方式推动了咖啡种植的传播。每个国家都有自己的种植法，由此出现了科特迪瓦等多个咖啡生产大国。要想喂饱殖民地宗主国和其他西方国家的肚子，就要提供原料，尤其是农作物，如咖啡、棉花、花生、香蕉、玫瑰、兰花、橡胶等。其模式在于寻求产能。这种运作方式在许多国家被推向极致：机械化、灌溉、化学品、生物灭杀剂、种子选择、单一农作物等。这些产量至上的相同模式在巴西等许多独立国家也被滥用了。另外，一些工业化国家和一些发展中的原材料生产国正在推行的绿色革命所提倡的化学"进步"也确实提高了种植面积和收益。

另外，能源价格正处于历史最低水平，20世纪所拥有的模式一方面是国家性的农业专业化，另一方面是以石油为依托的前所未有的技术化。低价的石油原料成为发展的关键：在这里生产咖啡，在那里消费；在那里生产化学品，在这里使用；用到塑料和船只、卡车和机器。整体陷入恶性循环，外来元素大行其道。

右页图
~
充满生机的土壤。
养殖蚯蚓是一种被广为采用的做法，
即使在传统农业中也是如此。
地面动物的质量、数量和种类对种植园
的健康生态必不可少。
土壤中的蚯蚓在土壤不同地层中参与交换，
提供微生物群生存所需要的氧气。
在热带国家，代替蚯蚓辛勤耕耘的是白蚁。
哥斯达黎加圣伊西德罗维克多。

最近 40 年来阿拉比卡种咖啡的价格

资料来源：美国商品调查局（CRB）– Infitech 光盘

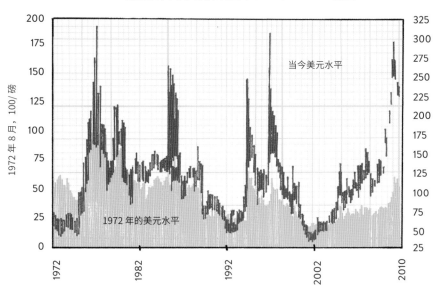

肥沃土地的末日

此外，这个时代也是掠取肥沃土地的时代。在工业革命时代，欧洲的森林覆盖面积降到最低，直到 20 世纪初才决定重新开始植树造林。欧洲的森林面积始终没有回到工业革命以前的水平。这是因为随着人口的增长，对于肥沃或可建造土地的需求量也随之上升。而森林的管理却有助于重现大片林区，让沼泽、水域和山区重现绿色，是调节水生生态系统必不可少的手段。不幸的是，热带国家开始步欧洲后尘，也开始毁林，且往往是彻底毁林，许多国家的森林覆盖率处于历史最低点。森林为这种对土地的渴求买单，这往往是为农垦让道。巴西就是最著名的一个例子，但种满棕榈树的印度尼西亚和遍植咖啡的越南的形势也很触目惊心。要知道，农业是伐木毁林的罪魁祸首：人类砍伐森林，在土地上去除所有植物，取而代之的是种植单一作物或是粗放养殖，这样土地很快就变得贫瘠。我们知道，那些尚未受到波及的国家和地区也会马上遭殃，比如刚果盆地。对于肥沃土地的紧张需求真实存在，随之而来的是"抢地"运动 [1]，但造成的最终结果就是再没有土地种植咖啡了。

整套体制的终结

我们如今可以观察到这样一个现象：产量至上的种植模式，也就是决定市场的那种模式，是无遮阴日照种植法。正因如此，巴西可以生产出全球咖啡总出口量的 1/3，该国位居咖啡产量领先地位的米纳斯吉拉斯州作为单一作物种植的首善之地，其产量相当于全球咖啡产量第二的越南整个国家的咖啡总产量。20 世纪仰仗工艺、基因学和工业效能的理念，想尽一切方法在并不适宜的环境中种植咖啡这种需要遮阴和高海拔的植物。而今天，这种农业方式已经穷途末路，居全球咖啡产量第一和第二位的巴西和越南两国大型种植园情势惨淡。事实上，气候突变让技术不再能够抵消巴西连续两次出现的史前例的干旱所带来的影响，也不能缓解印度的霜冻，或是留尼汪岛、尼加拉瓜或亚洲等地反复出现的台风。亚洲同样无法制止利润和品质下滑，改善植物和土壤的检疫状况，更无法抵抗病虫害（叶锈病和线虫）的肆虐。我们正在经历一种产量至上模式的终结，这种工业模式高度技术化和机械化，无遮阴，全日照。"老国王驾崩，新国王万岁！" [2]

未来的出路

咖啡价格

咖啡界的未来出路首先在于重新考虑食材的价格。每次在超市里看到半欧元一千克的番茄就让我恼火：这些番茄是谁采收的？是怎样采收的？购买这种价格的食物能够满足什么口福？这样下去生产者的境遇只能愈加困难。热带国家的生产者同我国的生产者同病相怜。以较高的价格直接从咖啡农那边购买咖啡才能确保咖啡农从中赢利，而不是喂饱中介的腰包。虽说中介有他存在的作用，其中有一些人的工作也很出色，但是他们在咖啡价格中榨取的份额过高。如果不把价格提高，如果不在价格上面积极抗争，咖啡农就无法继续生产，在品质方面也会更加漫不经心。咖啡不是拿来喝的，而是用来品味的。为了品味和享受，人们总是愿意支付更多的金钱，但对日常需求却很吝啬，这真是个奇怪的现象。

农林间作法和可持续发展农业

另一条出路显然在于农业。由于缺乏可耕作土地，人类再也无法以人为的方式提高收益。土地需要森林，咖啡则需要农林间作法。这种农作法是减少气候变化不利影响、生产出优质咖啡并获得更大收益的唯一出路。

此外，一提到农林间作法就不得不提到互补农业。在农业周期上做文章，由此可确保在全年不同时期获得收益：胡椒和小豆蔻等蔬菜和香料一年一收；柑橘、香蕉和杧果等豆类和果树则为中期种植采收；长期投入的木材还能够为生产者带来切实的收益。间作法或农林间作法是应对原材料价格波动、气候变暖、土地贫瘠以及环境保护的唯一出路。这种农林间作法（参见第 217 页《种植》一章）可以以生物动力农法、有机农耕法、农业生态法、朴门永续农业法等各种模式进行。

社会智能

最后，我们要期盼全球咖啡品级能够上升，并且为优质咖啡的发展做出努力，这就是这种"必需品"所谓的"高端化"。品质不提升，价格就无法提升。这种趋势是近 20 年来由广大咖啡爱好者和后公平贸易积极分子发起的，当今咖啡界的几大工业巨头也都清楚意识到了这种趋势。

这些咖啡界巨头不再从某些不稳定的供应商那里以最低的价格购买最差品质的咖啡，而是增加了标签认证的数量，以高于市场价格

1

在候鸟栖息的森林采收到的咖啡。要通过该认证，需用高额的价格购买利用热带森林进行树荫栽培，并采用有机栽培方式生产咖啡。通过资助咖啡农来防止森林砍伐，以保护栖息的候鸟。

20%~30% 的价格进行收购。由此一来，他们确信能够做到环保（英文为"Ecofriendly"）并得到较优质的咖啡。工业厂商们把这称为"品质至上"（英文为"Qualitativity"）。这种理念在农林间作法方面尤为突出。因为这种农耕法部分通过了"亲鸟"（英文为"Bird Friendly"[1]）和"雨林联盟"认证，在树荫下生产出高产能的种子并拥有不完全采用化学制剂的高度技术。生产本位主义的农林间作法的收益虽然略少于轴心农耕法，但更为持久稳定，更加符合消费者的期待，生产的咖啡品质上乘，苗木更加健壮，而且还有其他农作物带来的收入。

人人要有饭吃。对于我们所在的领域，我们只能依靠这种方式，但在更深的层面上，我们必须长期同积极坚持咖啡生物多样性的咖啡农合作，坚持种植来自品质上乘的古老咖啡树的纯种咖啡苗，以可持续发展的方式加以培育，即使产量欠缺也在所不惜。

我们每天都在为生物动态法和有机农业的和谐稳定发展而努力，但也不能低估了这种农业法所存在的难点。同我们合作的所有咖啡农都采用农林间作法，其中大部分还用到了生物动力农法（参见第 217 页《种植》一章），用咖啡领域的基因财富，如留尼汪岛的尖身波旁种咖啡。我们需要这些武器，需要社会智能、可持续农业以及和谐一致的视角。只有依靠种植才能耕耘出咖啡的未来。

聚焦

咖啡是否具有革命性？

1511 年在麦加，1600 年左右在罗马，1620 年在奥斯曼帝国，1675 年在英国……咖啡的历史，尤其是咖啡馆的历史中写满了各种清规戒律，显示出当局对公共治安的忧虑。历史证明，他们的忧虑不无道理，因为咖啡馆已经成为反抗和骚乱的策源地，就比如美国开国元勋们常去的绿龙咖啡屋，还有法国大革命时代的普罗可布咖啡馆。咖啡价格的波动还引发过某些农民运动。公平贸易运动及其标签[1]也是从咖啡馆起步的。从 20 世纪 60 年代起，咖啡成为美国积极反抗南北分裂的激进分子的标志性饮料。直到今天，精品咖啡的成功同样表达出一种把咖啡变为大众饮料的意愿，使之成为一种博学的文化。咖啡爱好者总是很年轻，同老一辈有代沟：老一辈偏爱葡萄酒、烈酒和雪茄而不喜欢咖啡，热爱大轿车而不骑自行车，喜欢西装革履而不穿休闲衬衫，喜欢跟团游而不喜欢深度游，喜欢申请专利而不了解协作社和"开源"[2]。

1
即"马格斯·哈弗拉尔"标签，其名来自一部描述荷兰商人剥削爪哇咖啡农的畅销书书名，首先使用这一标签的是荷兰。

2
指的是开放其设计让所有使用者自由修改的一项机制。

第213页图
~

藏身于咖啡树里的采收者。

他的桶里装满了咖啡果。（尼加拉瓜）

聚焦

咖啡标签种类

评估工具	原则和运行机制	标签
德米特	生物活力农业标签	demeter Agriculture Bio-Dynamique
公平贸易	以合理的价格支付生产者。 旗下的"AB"标签最为广大消费者所知，以全体表决的方式制定社会发展计划和补贴	FAIR TRADE CERTIFIED
AB	不采用合成化学品的生产方式。 每个进口国的认证标签都不同。咖啡农获得补贴	AB AGRICULTURE BIOLOGIQUE
"雨林联盟"	保护生物多样性。 树荫栽培	
4C	加入"咖啡社区的管理规则协会"（Common Code for the Coffee Community Association，简称4C）。优良规范，向出口商和加工商进行推荐	4C ASSOCIATION for a better coffee world
"亲鸟"	保护生物多样性。由美国华盛顿史密森尼候鸟中心（Smithsonian Migratory Bird Center）创设，提倡树荫栽培的有机咖啡（"shade grown and organic"）	BIRD FRIENDLY
CAFE：咖啡与种植农公平守则（Coffee And Farmer Equity And Shared Planet）	由保护国际基金会创设的购买咖啡的准则，采取对社会、经济和环境负责的态度。星巴克公司推出的带有"自行认证"和标签的计划	STARBUCKS COFFEE
UTZ 认证	其口号为"良好内在"（Good Inside）。 本着"关注当地环境和人民的态度与专业"的方式生产咖啡。包含认证标签。 为业界所有同仁提供一种"补贴"	UTZ CERTIFIED Good Inside

（本名单仅列举几个主要标签种类）

访谈

大卫·豪格

大卫是一名积极的自由卫士。

在这个新西兰人 21 岁时，有天早上他听到了某种召唤，于是毅然决然地离开了自己的故乡。

来到印度后，他觉得这里才是自己的家。

您是怎样进入农业领域的?

大卫：我是个农夫，正在钻研替代农业。我协助我的老师兼好友，全球生物动力农法专家彼得·普克特先生在印度全国普及这种农业方式。我们现在正在进行一项了不起的事业——打造 Araku 品牌，关注品质、社会平等和生物动力农法。

您的人生目标是什么?

大卫：我在一个条件优越的环境里长大，深受社会主义，确切来说是平均主义的影响。我生来希望从事那些能够引领我们走向自由的事业。我向往着"自由、平等、博爱"的境界，这在印度的"法度"中得到了实现，在新的世界格局下，不会再有社会不平等和收入差距，贫穷最终将消失。为此，个人的自由是找回自我的先决条件，也是各种进步的先决条件。我毕生的事业、我的兴趣爱好无疑是农业，

我认为农业是我们朝着各种生产和可持续农业模式迈进的基石，这些模式里包括全世界数百万小农户都可以采用的朴门永续农业法、农业生态法以及生物动态法。优良农作法是和谐社会新格局必不可少的基石。为此我常说："东西方内外最好的沟通'途径'就是融会贯通。"

您为什么选择咖啡作为改变世界的途径?

大卫：事实上，我曾在印度西高止山脉的农村生活和工作，那里是优秀的咖啡产区。是咖啡选择了我，而不是我选择了咖啡！我曾经目睹许多有害的农作法，比如使用化学品、杀虫剂等。我认为这是对消费者的一种背叛，也是对大地母亲的一种侮辱。所以自然而然地，我投身于质量至上的可持续发展农作法中去。其中最激励我的就是咖啡以

传统方式在高海拔种植，并远离人口密集地区。咖啡的种植需要水，对土壤的污染具有直接的影响。我想要证明：生产出安全优质的咖啡是可以获利的。在生产者和消费者之间建立起互相理解互相体谅的信任至关重要，这必须以社会和经济革命为前提。

对您来说，咖啡意味着什么?

大卫：对我来说，咖啡是全世界数百万小农户的衣食父母，种植园就是他们生活的圈子。环境的增值能帮助维持森林生态环境、对抗侵蚀、保护可耕种土地、固定碳，从而减轻气候变化在当地和全球范围内的影响。

在社会层面上，咖啡对我来说意味着分享、合作，在种植园和咖啡杯之间创造一条公平良性的供应链。我认为，咖啡能够为其他

1
"纳安迪"在梵语中的意思是"黎明"。

H

领域树立榜样，为构建社会新格局添砖加瓦。总而言之，咖啡既可以是一种选择、一种口味，也可以是对生命力（用英文说就是"aliveness"）的一种感官认识。正是出于这种信念，我和纳安迪[1]基金会（Naandi Foundation）一起为了千百万小农户的福祉而工作。对我来说，这是一种"修行"（梵语中为"sādhanā"），一种瑜伽，一种了解如何同土壤、气候和合作体系协同合作的方式，其目的在于种植出品质上乘的咖啡，满足广大消费者的需求，帮助他们了解行情。这项事业是复杂烦琐的，但同时激荡人心、充满收获，这就是我毕生的使命。我的导师圣奥罗宾多常说："存在的关键在于是否和谐。"而公平贸易咖啡的生产、经销、营销乃至消费恰恰在寻求和谐，就拿在阿拉库来说吧，我们结合生物动力农法和识别风土的方法，从转

变、为土壤注入活力以及主要工序开始，生产具有活力的咖啡，最终同成熟的消费者成功建立联系，从而构建起一个更美好的世界。

在世界范围内，我们要怎样做才能改善这一状况？

大卫：创造一种竞争与某些榜样模式。只有在各种示范、举措和行动的指引下，世界才会发生变化。我们已经用我们在阿拉库的示范证明了这是可行的，我们可以通过公平贸易、和谐营销和公道地种植咖啡来改造世界。

在未来几年内，咖啡界会发生什么灾难？

大卫：可能会发生咖啡市场由几个金融巨头掌控的乱象，而这些金融巨头的唯一考量是产量而不是质量。咖啡农和整个环境都会遭殃。全世界会因此失去机会，无法再以

和谐方式生产出优质咖啡。

您的梦想是什么？

大卫：我的梦想就是所有食品都能采用阿拉库的模式，全世界人民都能够选用健康产品。我还希望我们的工作方式能够成为被大家竞相仿效的榜样。如果我的梦想能够成真，这对我而言就意味着我们最终已经做好准备，可以进入"法度"（梵语中为"dharma"）、自由、平等和博爱的新格局了。

种植

好苗苗长成咖啡树

大自然独一无二，其起源也只有一个。自然万物在一个庞大的机体内互相协调融合。宏观世界和微观世界浑然一体，构成了某种星宿、某种影响、某种气息、某种和谐、某种时光、某种金属、某种果实。

——帕拉塞尔斯（Paracelse）《智慧的哲学》（*Philosophia Sagax*）法文版，法国 Dervy 出版社，2010 年

种植的五大基石

种植园，一个富有生命力的机体

　　一方面，种植园是一个富有生命力的机体，只能从整体和全局来看待它，这种全局性在很大程度上不能脱离人类。因此对农户来说，要懂得引导而不是对抗，"合作"而不是"反对"。正如园林设计师吉尔·克莱芒所说的："我们不是孤立地存在于世界。"种植园里的物种成千上万，其中绝大部分都是我们所未知的；种植园里日新月异，我们无法全然掌握；各种能量暗流涌动，我们也知之甚少。

土壤，植物生存的关键

　　种植园里最重要却最常被忽视的因素之一是土壤。对咖啡树来说，30 厘米至 40 厘米的头层土壤至关重要。植物从这里汲取所有养分，这里含有矿物质和已分解的有机物，并在密集的动物群和共生孢子植物群的密集转化后由其他生物种群输送给根部——这里是完美的接触区域。我们知道这些生物物种都充满着生命。人类在山峦平原间、大地和大海间、河流和支流间建造起了城市。如果没有交流就不会有生命，而土壤恰恰位于交流的最顶端，农业则是挑战极限的交流艺术。

设身处地为植物着想

　　身为农户就要设身处地为植物着想，而不能置身事外。这就意味着要摒弃自己二元论的视角，去欣赏植物本身，百分百地体会植物的生长环境。对植物来说，没有什么遮风挡雨的屋子，也没有衣服、自来水和冰箱，更不用说电扇和暖气了。植物完全依赖土壤、气温、时令，特别是星辰周期。植物本身的特性决定了它在严格意义上是和周围环境融为一体同步运行的。您只需想象一下已知的光的作用，尤其是太阳的运行轨迹：在

章首图

~

卡杜拉种咖啡豆的鼠李（果皮）。
在去除果肉时，裹有黏膜的咖啡豆开始发酵，果皮则被分离开来。
这些果皮在很长一段时间内仅用作堆肥，如今其价值越来越受到重视，并被加工成饮料或厨房食材。
马卡龙大师皮埃尔·艾尔梅就曾用它制成过一种名叫"激情"的甜点杯。

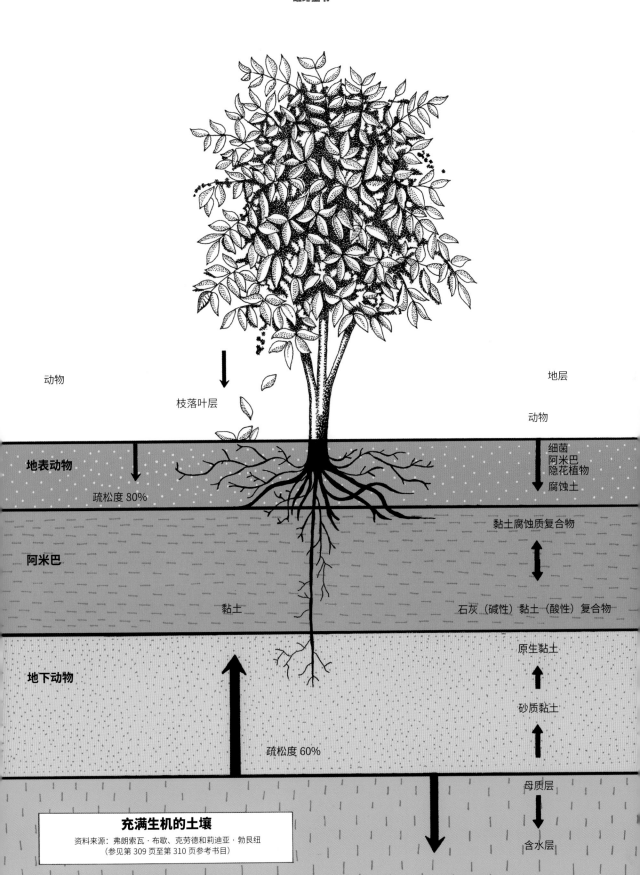

动物

地层

枝落叶层

动物

细菌
阿米巴
隐花植物

地表动物

腐蚀土

疏松度 80%

黏土腐蚀质复合物

阿米巴

黏土

石灰（碱性）黏土（酸性）复合物

原生黏土

地下动物

砂质黏土

疏松度 60%

母质层

充满生机的土壤

资料来源：弗朗索瓦·布歇、克劳德和莉迪亚·勃艮纽
（参见第 309 页至第 310 页参考书目）

含水层

夜晚和冬季处于最低点，在春天和早晨往上升，在夏天和中午达到最高点，在秋天和下午朝下走。影响着潮汐的月球及其他星球也是如此。您只需在种植园度过一天一夜，体会一下和风、朝露、温馨的夜晚、阵雨、暴雨、干燥，想象一下您的食物、微观世界和真菌的休眠，或者是它们的活跃期。身为农户就要改变视角，在潜移默化中全面看待同这些微观和宏观的环境互相依存的关系，彻底地换位思考。然而，我们往往很难做到这一点。如果说人类发明社会学和人种学，为的是研究人类本身在群体里的表现，甚至用地理学、环境学来观察人在环境中的表现，以动物生态学来了解动物的社会智能，那么，正如吉尔·克莱芒先生所强调的那样：还未有任何一种科学被用来研究植物的社会智能。人们常常会以拟人化的方法来描述某些植物之间的关系，提到某些合纵联盟的策略——可以是友好或敌对的，可以是亲密或致命的。另一方面，人们试图进行某种互补农业研究，也就是那些互为辅助的植物，比如番茄和罗勒。但正如让－玛丽·佩尔特在其书中所展示的那样：植物的行为远比这来得深刻。那么，植物是怎样改变其基因组的呢？它又是怎样把信息传递给子孙后代的？它是如何适应新环境和新寄生虫的？它同邻居之间又是如何互动的呢？

热爱大地

所有的古代文明都把自己的历法同农耕联系在一起，向大地和农业之神表达敬意。这就是大地母亲，这就是传说中的丰饶乐土，犁和田野是受孕行为的象征，是希腊、罗马、美索不达米亚的节日，是希腊神话中的得墨忒尔，是罗马神话中的刻瑞斯。在如今建立在第三产业之上的城市化文明社会里，这种符号学和神秘事物似乎正逐渐式微甚至完全消失。某些农户正在试图重现或传承这些传统。这表现在规范、动作、意愿、参与以及意识方面，但同样表现在对这些事物和行为的象征学理解上面。我们在前文同让神父的访谈就是这种传承的明证（参见第 153 页《信仰》一章）。

咖啡和数百万咖啡农

根据国际咖啡组织的估算，全世界种植咖啡的总人数约为 1.2 亿人，遍布 90 个生产国，其中绝大多数为从事多种栽培的农民。我们有时候可以在公平贸易咖啡的包装袋上看到他们的笑脸。但这种农业以多样性为特点，其栽种面积从数英亩到数千公顷不等，在农作方式上也是如此。这些人并不完全依靠咖啡吃饭，但都面朝黄土背朝天，而且抱持一个目的，那就是为他们自己和我们这些消费者提供饮料。然而，在咖啡生产国和消费

种植园里的物种成千上万。

左页图
~
只有几星期大的咖啡苗（Marsellesa®）。
咖啡树的种植很简单，在苗圃里就可以进行。

国之间存在着很深的鸿沟，不过咖啡的消费量在这些生产国正在逐渐增加，加上广大咖啡爱好者"寻本溯源"的意愿也日益强烈，这道鸿沟正在逐渐缩小，虽然缩小的速度很缓慢，但确实在进行之中。

咖啡树及其风土

风土的根源

土产品是不断构筑中的风土同人类丰富的专业、动植物知识碰撞的结晶。这就是我们所说的"土特产"。

阿拉比卡种咖啡（参见第 77 页《认识》一章）是一种直立灌木，早先生长在埃塞俄比亚高原的森林里，随后被移种到也门干燥的小山丘上，也门当地气候和埃塞俄比亚非常不一样。很多人从早期的这两种群落环境中受到启发，以此了解咖啡树的理想风土或是生长极限环境是怎样的。但在对全世界的风土有了进一步了解后，人们却发现很少有环境同这两种原生环境一模一样。咖啡树到一个地方就会适应当地的水土，而人类也参与了这种植物的变化。

一种温和的热带植物

咖啡树作为热带植物，喜好潮湿炎热的环境，但也不能过于潮湿和炎热。总的来说，阿拉比卡种咖啡性情温和，每年最好能得到 1600~2000 毫升水进行灌溉，但它能在印度等热带干燥的地区（年降雨量为 1000 毫升）或是墨西哥恰帕斯州等热带潮湿地区（年降雨量为 3600 毫升）生长。可如果在非开花季降雨天数超过十天，咖啡树就无法适应了。在干旱的地区，人们为其遮阴并覆盖上一层厚厚的枯枝落叶；在高度潮湿的地区则恰恰相反，我们会避免遮阴，尽量排水通风，并立起植物防护堤。空气中的湿度必须接近 60%，培育罗布斯塔种咖啡的空气湿度则为 75%，但这一数值同样可以上下浮动。

在气温方面，阿拉比卡种咖啡树可以忍受 20 摄氏度的温差，而相对娇弱的罗布斯塔种咖啡树则仅可忍受 14 摄氏度的温差。理想的气温白天在 22 摄氏度左右，夜间为 18 摄氏度。所有超出 25 摄氏度的极端气温都会带来负面影响，对于光合作用更是致命的；而所有低于 15 摄氏度的气温则会导致树叶褪色。持续低于 0 摄氏度则是致命的。和所有水果一样，昼夜温差对咖啡树至关重要，因为植物的生长速度越慢，其果实的口味就越富于变化。

上两页图
~
哥斯达黎加萨尔塞罗的埃尔萨罗有机种植园，
当地有机农业杰出先锋
里卡多·佩雷斯的种植园。
在那里可以看到种类多样的阶梯式间作法
（香蕉树、柑橘等）和非常有限的遮阴。
在萨尔塞罗，日晒并不太强烈，
而且不断有湿润的和风吹拂着这些小山丘。

一种高海拔植物

气温和温差主要由以下三大因素决定：海拔高度、纬度和海洋影响。海拔每升高 100 米，平均气温就下降 0.6 摄氏度；纬度每相差 1 度，平均气温就相差 0.5 摄氏度。秘鲁的优质种植园都处于海拔约 2000 米的高度，可在巴拿马这个海拔高度生长的咖啡树却无法成熟。在哥斯达黎加西部，在来自太平洋的炎热湿润海风的吹拂下，咖啡的成熟速度会比大西洋丘陵地带来得快。在巴拿马也是如此，博克特和巴鲁火山之间的直线距离仅仅相差几千米，咖啡的收成却大不相同。在法属留尼汪岛，最好的种植园位于海拔 1000 多米的地区，距离海洋的直线距离刚好为 1000 米。

一种"东方的"植物

综上所述，我们可以很轻易地推断出种植园的朝向有多重要。同很多农作物一样，东面是最有利于品质的朝向，因为这个朝向的日照时间最

什么是风土？

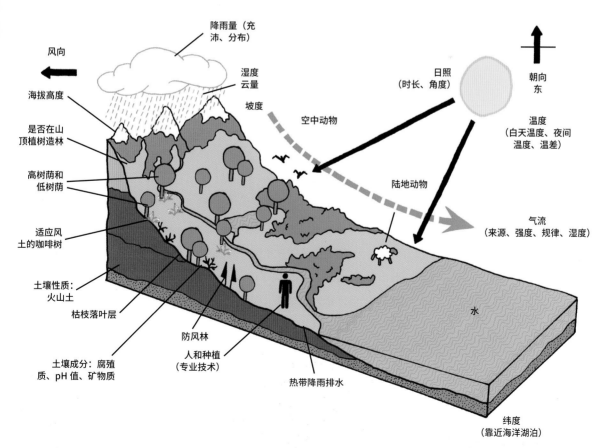

聚焦

风土、庄园、原产地

联合国粮农组织（FAO）网站上对"风土"的定义是："在一个界定的地理区域内，某个人类群体长久以来在此构建起一种共同的生产知识，以某个物理和生物'环境'同一整套人类因素之间的交互系统为依托。其社会技术路径……为该地理区域出产的产品体现出某种独特性，形成某种特质，并赢得一定的声望。"也就是说，离开了人类和时间，风土就不会存在。在过去，人们对土特产司空见惯，人类和城市的力量恰恰体现在他们是否有能力在餐桌上端上来自世界另一端的异国佳肴。风土在过去司空见惯，但并不流行。今天，食品产地主义重新开始青睐风土，尽管这距离咖啡的大众消费还很遥远，但只要一提起这个字眼，即便相隔万里，仍然足以拉近我们同它之间的距离。另外还因为风土在咖啡界是一个新生的概念，其用法还很粗略。风土咖啡的身价和葡萄酒一起水涨船高，在美国和澳大利亚这些尚且在讲求葡萄酒品种而不是风土的国家，风土咖啡也得到大力推广。还有一个原因就是，咖啡界常用词"产地"指的可能是一个州，由于距离消费地很远，其界定极其模糊。最后还要说一下：在英文里，把法文词"风土"（terroir）翻译成"庄园"（estate）其实并不确切。

右页图

~

尼加拉瓜的圣弗朗西斯科种植园。

在一个产量至上的种植园里，一切都有讲究：

包括咖啡树的排列和密度、品种的选择以及树荫的管理。

长，大清早就出太阳，气温不是很高。所有这一切都能促进光合作用，让咖啡果的成熟期更长、更均衡，让咖啡的酸度更高、更富有层次。

一种火山植物

最后，下部地层也很重要。最好采用年轻的火山土，其中丰富的矿物质更容易被植物吸收，而在那些由于乱砍滥伐而导致红土化并被暴雨冲刷过度的热带地区往往缺乏矿物质。如果土壤中有充裕的、容易分解的枯枝落叶，复合肥料以及深层透气、微生物丰富的腐殖质，而且孢子植物也很活跃，那么就一定能出产优质的咖啡豆。

风土是解读咖啡的新钥匙

我们知道，一种植物的原生风土不一定是最好的，但照植物学家和基因学家的话来说，原生风土却是"开辟鸿蒙的"，从中诞生并发展出了这种植物。我们还知道，风土不止一种，最好品质的风土也并非只有一种，而是有很多种。对于某种历史悠久的葡萄酒或茶叶珍品，那些爱好者看重的不光是每一块风土的独特性，还同样关注这种风土的多样性。为此，我们可以列举出土地和植物间千丝万缕的联系，就拿糖的含量来说吧，它同植物中碳的代谢有关，而碳的代谢则尤其受到气候条件、海拔高度以及果实生长期的影响，也就是受到风土的制约。

风土，用生态学家们的话来说就是风土条件或者生态环境（原文为拉丁文"ecotopos"），最终得到了咖啡界的认可。各种规模的典型风土产区同样得到了认可和追捧，甚至是命名和保护，其中包括埃塞俄比亚的几种超级风土（耶加雪菲、西达摩、哈勒尔、季马等）、哥斯达黎加的八个认证称号、印度尼西亚的七大风土。从更宽泛的意义来说，还包括哥伦比亚的八十种风土和巴拿马博克特的五种气候。

在过去，只有极少数的几个咖啡农选择根据自己所在的风土来决定所要种植的植物，而不是听从咖啡工业委员会和种子销售商的教唆去追求收益或是抗病性。而现如今，风土对于咖啡农来说则是一个较为明智的选择，这些农户在了解各种咖啡品种优劣的同时，已经开始考虑如何恰如其分地分配单一作物区和间作套种区。

自从创立"咖啡树"咖啡教室以来，我们始终支持广大咖啡农进行这种有意识的选择，尤为重视单品咖啡、同一片土地出产的咖啡、稀有品种以及高大的咖啡树。

右页图
~
左上：得到植物覆盖良好保护的咖啡幼树。
在树根部位覆盖上有机物，
以保持土壤的湿度并增加腐殖质。
右上：本书作者站在一个年轻种植园的
两排咖啡树之间。
从照片上可以看到层层叠叠的树荫，
近处高耸的树木以及远处的银桦。
（尼加拉瓜 Ramacafe 种植园）
下：一个采用生物动态法的咖啡苗圃。
每一名咖啡农都亲手将种子
培育成咖啡苗。
（哥斯达黎加圣伊西德罗维克多家中）

聚焦

咖啡种植景观

咖啡景观并非只有一处，而是在岁月长河中形成了无数处：埃塞俄比亚人喜欢原始森林里自生的"野生咖啡"，而该国咖啡却主要出产自每家每户的庭院；在也门，咖啡树生长在山区干旱的丘陵，而且往往在多石的梯台上和蔬菜间作套种；印度的高止山脉是生物多样性的风水宝地，咖啡种植和森林混合共存；越南最近首当其冲地经历了"罗布斯塔热"，古老的森林被咖啡种植所取代；东帝汶同圣多美和普林西比一样，继承了以大房子为中心的大农庄体系；在哥斯达黎加的几大咖啡产区内，呈现出单一作物向阳共线排列的壮丽景观，整齐划一，一眼望不到头；而在巴西，则以现代技术化的方式让咖啡种植园一直延伸到森林，实行机械化集中灌溉，在米纳斯吉拉斯州尤其是如此，最近在喜拉朵产区也出现了类似的景观。

[本段参考了法国地理学家弗朗索瓦·巴特撰写并刊载在《乡野研究》(Études rurales，总第 180 期) 2007 年第 2 期第 35 页至第 48 页的《咖啡在山区，咖啡在平原》(Café des montagnes, café des plaines) 一文。]

哪种土壤适合哪种咖啡？

综上所述，酸性土壤有助于促进土地和植物之间的矿物质交流，所以最受咖啡树喜爱。如果把植物看作一种需要滋养的机体，我们就会发现，从理论上来说，植物生长需要 15 种主要元素，其中氧和碳由空气提供，而其他物质（氮、磷、镁、钾、硫、钙、锰、硼、铁、锌、铜、铝和钼）则全部由土壤供给。这些矿物质全部存在于大自然中。但一切并不是这么简单。一方面，植物需要在其生长周期的不同阶段摄入不同量的矿物质；另一方面，某些土壤缺乏某种矿物质，而另一些土壤则可能过剩；最后，某些土壤可能很肥沃，富含矿物质，但由于没有足够的孢子生物和微生物的活动或是 pH 值过高或过低，植物无法吸收土壤中的这些矿物质。土壤学和叶片分析比较有助于了解土壤中存在的矿物质和植物吸收的矿物质之间的压力。为了抵消不足和过剩带来的影响，人类需要发挥作用，根据几大农学原则弥补大自然的不足。那就是："正确的比率，正确的时间，正确的用量，正确的位置。"（right rate, right time, right amount, right place）［援引自 Thomas Oberthür、Jürgen Pohlan 以及 Gabriela Soto 刊载在 2012 年国际植物营养研究所《精品咖啡品质管理》（*Specialty Coffee, managing quality*）一书第 123 页至第 149 页的《植物营养》（*Plant Nutrition*）一文］。

传统农业还是有机农业？

传统农业采用喷雾或者滴灌的方式施肥和堆肥，赋予植物能量，试图重建被顽固的杀虫剂或农药全面或部分破坏的生态系统（就拿十氯酮来说吧，在使用后会继续存在 24 年）。有机农业采用的则是同农作物协同发挥效用的堆肥。生物动力农法中还加入了一些肥料，用来改善土壤分解有机物的能力、促进土壤和根系间的交流以及植物本身的活力等。我们知道咖啡树的生长少不了有机物，通常认为土壤里的有机物含量必须在 2%到 5% 之间。由咖啡果的果肉、发酵的羊皮纸、芭蕉叶制成的堆肥——尤其是那些采用生物动态法制成的堆肥——都是出色的土壤活力剂，有助于抵消矿物质不足或过剩给植物带来的负面影响，并增强其对抗病虫害和真菌的能力，增强其光合作用，从而提高果实的产量和质量。举例来说，缺氮会导致新叶因营养不良而变黄，甚至是整个枝条坏死；缺钙会妨碍根系生成；如果新生树叶变成柠檬黄色则说明缺锰。在有机农业，尤其是生物动态学农业中，人们不只是把植物看成一种食物，而是一种有生命的复合体，受到矿物盐和其他因素的影响。

左页图
~
在年轻的种植园里，
即将生成的树荫层层叠叠，
远处有各种老树。
可以看得出云层很厚。
（尼加拉瓜 Ramacafe 种植园）

咖啡的生命节奏

在现代社会，尽管人类的平均寿命在延长，但咖啡树没有迎来自己的春天。恰恰相反，社会的进步缩短了咖啡的寿命。人们常常把咖啡的寿命同咖啡种植期相混淆（参见第 169 页《遗忘》一章），而后者其实由人类决定。尽管在越南和老挝等国的乡间和废弃的种植园里还残存着几株百年阿拉比卡种咖啡树，可在那些经营中的种植园里却极少能看到树龄超过 20 年的咖啡树。咖啡农种下的咖啡树可结出咖啡果的年限约 20 年，其中 17 年适合生产咖啡。剩下的两三年是真正投产收获之前必经的幼树期。差不多 20 年后，咖啡树的产量降低，收益也相应减少，从每株数千克（平均为 2.5 千克）减少为寥寥几颗，而且果实的口味也不再富有层次，糖分减少且酸度降低，用来制成的咖啡喝起来不再齿颊留香。我们在多个种植园的多个树种上做过实验，可惜结果总是令人不太满意。近几年来，寻找新品种和开发种植园因此成为当务之急，催生出了"幼"咖啡豆贸易，特别是从树龄只有两三岁的幼树上采收而得的"宝贝"瑰夏被当作市场新宠贩卖，其口味清爽细致，不过少了些层次感。

连续修剪

咖啡树的一生一般会经历三次再生，也就是三次剪去那些老旧不再产豆的枝条，用新长出的枝条来代替，新的枝条很快就会结果子。最后，除了福冈正信和他的那些自然农法的拥护者，咖啡农一般每年都要对咖啡树进行一次剪枝。事实上，在野生环境内，会有很多中央枝条突然缺失。小矮树可以长到数米高，拥有高大的树冠和惊人的树围，但其咖啡豆产量非常少。根据咖啡树的品种和生长纬度，有许多种剪枝方法可以选择，但在中美洲最常见的方法莫过于"双枝修剪法"。其他地区的人们则偏爱单枝修剪法，为的是实现产量最大化。另外，那些最为担心收益进度的咖啡农也会根据从产量至上农法中观察到的双年收益规律来对咖啡树进行剪枝。

生命周期

从落在堆肥和砂土组成的枯枝落叶层中的种子里长出的咖啡苗在根须的支撑下抽出主茎。随后从悬在半空中的颗粒中长出最早的几片子叶。在不到六个月的时间内，咖啡农就可以在雨季傍晚时分太阳和月亮都落下的时候，把幼苗移种到露天土壤里。

咖啡树会在旱季结束、初雨降临时开花。如果没有开花，就无法结出足量的果子。咖啡农会等待阵雨来临唤醒新芽，那一刻整座种植园会变成白色的海洋，洋溢着浓郁的茉莉花和白色桑葚的气息。在印度等干燥的热带国家，这种等待往往很难熬，人们会欢天喜地地庆祝那开启花期的第一场细雨的降临。为了让花朵完全授粉并结出尽量多的果实，在咖啡树开花以后必须再有一次降雨。整个收成的质量就仰仗于这第二次降雨、花朵的传粉以及开花了。在这一期间的降雨量如果过多，就会增加发育异常的风险，并延长采收的时间。正因如此，严重的旱季如果与花期同步，往往就会被视为利好因素。但全面干旱会损害咖啡果的品质，比如 2014 年在印度和 2015 年在尼加拉瓜相继发生的旱灾。

开花以后短短几天内会长出幼小的果实，就像火柴头一般大小，在 5~6 个月内会长到最大，其个头在不同风土会有差异。一旦长成最终形状，咖啡果就会在 1~2 个月里充满矿物质。这段时期对咖啡的品质来说是关键。随后就开始葡萄种植业中所谓的"开始成熟期"，也就是青果子变红或变黄的过渡时期。在果实的完全成熟期，果实里蕴藏着全部能量，所以这段时期必须尽量拉长，让果实能够充分获得密度、糖分和酸度。这同木材相似：为了制作出最好的小提琴，我们选用那些朝北不潮湿的丘陵上缓慢生长而成的木料。这些木料密度最大，最漂亮，纹理最细致。对果实来说也是如

创造咖啡的那些人……

唐·佩奇

唐·佩奇（Don Pachi）是咖啡种植史上一个活生生的传奇。现年 75 岁的他是咖啡世家的继承人，其家族的主要种植园创建于 1873 年，位于巴拿马的博克特。今天，他的儿子弗朗西斯科接手了家族产业。唐·佩奇是农学工程师，经常同邻国哥斯达黎加及其国际热带农业研究与高等教育中心合作。他在 1973 年带回了一种让他惊奇的未经开发的埃塞俄比亚品种咖啡树的种子：瑰夏。我们知道，这种咖啡的根系很小，所以产量很小且很柔弱。但唐·佩奇先生没有随波逐流，而是大胆地保卫那些"纯粹的"古老品种，如铁皮卡、波旁等。因此他在家里和翡翠庄园种植瑰夏种咖啡。唐·佩奇的另一大"发明"是小产量咖啡和超小产量咖啡。他在种植园里培育了多种咖啡，为他的客户量身打造小产量咖啡和咖啡种植田，对发酵方法也即将采用个性化方法。真是从不拘一格中诞生出自成一格。

下两页图
~
莫吉托种植园（尼加拉瓜）。

此，当然那些特意提前采收的除外。所以我们往往把开花和采收之间相隔的时间看作一项品质指标：介于 240 天和 300 天之间，对于阿拉比卡种咖啡就是 9 个多月的周期。值得一提的是，采收始终是由人决定的，因为有时候同一株咖啡树会接连好几个月陆续结出果子，真正的休养期相对较短，更何况本季的开花时间有时候会同上一季最后的果实采收期重叠。

农法的选择和途径

多条死胡同

无论是哪一种种植园，如果你不把它看成一个有生命的机体，那么势必会走上产量至上农作法的歧途，首先是土壤侵蚀和污染，以及为了弥补贫瘠土地中矿物质的不足而疯狂购买化肥。

只要回顾一下过去发生的一切，就能了解到传统农业到底不分青红皂白地摧毁了什么：在印度绿色革命[1]前夕，土壤中的有机物平均含量为 0.5%，今天仅为 0.03%。我们还可以在西欧的巴黎盆地和巴西所有的全机械化农作法的麦仓里观察到同样的有机物减少的现象。

每年都会有数吨土壤变成灰尘、被焚烧或变成垃圾。人类的耕种导致土壤越来越贫瘠。这种惊人的矛盾同任何经济、管理以及生存反应背道而驰。在种植园里逛一圈，就能发现其中的多样性、活力、生存或死亡。感受气流或是走在种植园的土地上可以觉察到许多东西：那些种植单一作物，没有树荫、枯枝落叶和生命的大型或小型私有农场里，土壤硬得像水泥地，而且往往受到锈叶病的威胁；土壤虽然存在，却悬浮在那些产量至上的种植园里，为的是实现咖啡树和整个自然环境效益最大化，通过优化的技术手段提高光合作用，在精心设计的树荫下得到悉心培育。在采用农林间作法的种植园内，尤其是那些采用生物动力农法的种植园，栽种的植物种类多样，枯枝落叶层丰厚，土壤也很健康，虽然收益并没有那些产量至上的农场那么好，但咖啡的品质、土壤和树苗的健康状况则是首屈一指的，可以在短期、中期乃至长期维持生产力，从而提高品质。

生态系统的作用

全球知名的园林设计师吉尔·克莱芒先生继承了前人的事业。他就常常提起花园里、农业里以及我们的生活里是多么缺少动物的活动。同土壤学和葡萄种植专家克劳德·勃艮纽先生和莉迪亚·勃艮纽女士以及其他生物动态法的倡导者一样，他认为动物的活动至关重要，是

确保土壤和生态系统健康的重要因素。在农业领域，人类往往只把动物的存在看作蚯蚓和瓢虫等昆虫的存在，但这种可笑做法虽然能够帮助我们用漂亮的瓢虫来教化白蚁或蚯蚓等异族，却忽视了庞大动物界的存在，包括天上飞的和地上爬的、地层表面的和地下深处的。作为危害咖啡树昆虫的天敌，鸟儿们扮演着重要的角色：它们一方面起到施肥的作用（鸟的粪便、死尸、羽毛），另一方面也是其他物种的猎物，更不用说它们的歌声悦耳动听（科学实验证明，某些音乐会对动植物会产生影响），在振翅飞翔时会引发气流。成千上万种昆虫为传粉和清除有害物种贡献自己的力量，同时把植物转换为有机物。数百万种生物机体，无论它们是爬行的还是飞行的，是脊椎动物还是无脊椎动物，我们只有在惊恐地谈论美味的墨西哥烤蟑螂时才会注意到它们。可正是这些通常被忽略不计、最不为人知以及难以觉察的小生命在我们和我们的生态系统中起着举足轻重的作用。

树荫是咖啡的一大关键

阳光的影响

咖啡是一种依赖光合作用（阳光）生存的植物。如果把咖啡树移植到热带野生密林里，它就会长出许多树叶以获取阳光，但结出的果子会很少（每公顷少于 50 千克）；如果把它栽种在气候干燥、阳光充沛的地区，那么种植密度就会大大提高（可达每公顷 1 万株），但树叶会因为地表水的过度蒸发而被烤焦。因此，日照程度的调控是优质咖啡种植的必要条件。

为什么需要有树荫？

树荫是调控光照度的最有效方法，同时还能保护并改善生态系统，确保种植园的永续。不同品种的咖啡树对阳光的耐受性也会有所不同：低矮的阿拉比卡种和罗布斯塔种能够经受住阳光暴晒，而那些高耸的品种则偏爱阴凉处。根据估算，在大部分风土里，每公顷平均需要 300 株遮阴树，这一数字还需要根据风土的实际情况进行调整。例如，通常在高海拔、丘陵以及靠近赤道的地区，日晒会格外猛烈。可在留尼汪岛，尽管这一纬度的海拔很高，但那里厚厚的云层确保了理想的日照程度。在位于太平洋和大西洋之间的哥斯达黎加西部山谷，潮湿的海风让树荫无法存在——过于炎热潮湿的环境会滋生出植物真菌，只能依靠通风来改善这一情况。

但你要是把日照程度的调控局限于地表水蒸发就大错特错了。因为我们知道，一个没有树荫的种植园同一个有树荫的天然种植园相比，两者土壤的湿度差可达到72%。而土壤的湿度恰恰是咖啡收成品质的主要因素：不存在缺水压力，可发展动物群，让土壤透气度达到80%，热带雨水的渗透性达到60%。有研究表明：在树荫下，咖啡果的重量要多出10%，其大小增加20%，丰富的香气无与伦比，酸度和醇厚度也更佳；最后，由于树荫的存在，那些可能因风吹雨淋而落到地上损失掉的咖啡果数量会减少一成。可见，农林间作法的确是咖啡种植业的未来。

玩转节奏和高度

树荫可不是唾手可得的。制造并维持林冠是一项循序渐进的有趣工作，需要掌握咖啡树和遮阴树的生长期、朝向、主导风向以及每个品种的需求。我们会在幼树附近种下蓖麻等生长速度极快（1~3年）的豆类，或是香蕉树等快速生长（1~5年）的树木，柑橘树等生长速度中等（3~10年）的高大灌木以及生长缓慢（20~50年）的高大树木，多年以后它们会形成巨大的林冠。所以说，树荫有三个层次，需要持久的维护：修剪香蕉树、剪去非顶端的枝条、替换掉病株和死株、疏枝等。树荫的第二大作用在于固定热带土壤——这些新生成的土壤极易受到暴雨冲刷，会遭受溪流侵蚀和淋蚀以至于出现水土流失。遮阴树的选择因此变得至关重要：它既不能威胁到咖啡树本身的根系，也不能和其他生物种类一起毒害咖啡树。所以我们喜欢选择银合欢等根系较深的物种，而不是银桦等根系较浅的植物。

第三点尤为重要，却往往最受忽视，那就是物种之间的协同作用。在种植园这个富有生命力的机体里，物种之间相生相克。而树荫的基本贡献之一就是提供有机质。树木中的落叶和活着的动物均会产生有机质，形成枯枝落叶层以及日后的腐殖质。枯枝落叶层越丰厚且越容易分解，植物就越能吸收生长所需的矿物质，从而改善果实的质量。经验丰富的咖啡农因此会利用不同物种为自己的种植园谋求全部必需的养分。在印度进行的一些研究特别表明：树荫每年能够带来10~15吨有机质，产生40~60千克的氮、10~14千克的磷、35~50千克的钾。这些协同作用并不仅限于植物界，因为某些物种将被选用来遮阴和饲养动物，另一些物种则恰恰相反，用来驱赶某些动物。最后，我们要以植物的生长周期为考量。为了避免种植一些在旱季或是一年四季容易掉叶子的树木，我们要小心选用那些在农事年的特别时期林冠最为浓密的树种。树荫的另一大优势在于开

种植是一场人类历险。

❀❀❀

聚焦

树 木

"树木"这个词本身就能引起深层和普遍的共鸣。

自有人类以来，树木就始终是人类形影不离的朋友。

它存在于人类的想象和所有文明的传说里。

"生命之树、知识之树和轮回之树环环相扣。"〔派屈斯·布夏顿的《树的疗愈能量》(*L'Energie des arbres*)，Le Courrier du Livre 出版社，1999 年〕生命之树是世界的轴心，是大地、人类和天界诸神之间的纽带，就如同北欧人和印度的某些传统那样。树根通常象征大地、灵魂和生命，树干则是人类和家族，那么树枝就是它同天界神明乃至未知世界之间的联系。历史上有多位祭司、佛祖、圣路易以及一众人等都是在大树下同万物接触的。我们不是常说，咖啡既是"魔鬼的饮料"又是"神仙的甘露"吗？树木还象征着我们的心路历程，某种我们朝着得道悟道、极乐或天堂攀升的梯子，犹太哲学思想"卡巴拉"就曾解释永恒的造物主与有限的宇宙之间的关系。树木本身甚至还代表了得道悟道——佛祖不正是在菩提树下得道成佛的吗？在伊斯兰教什叶派中也是如此。广为流传的这个家族谱系图也是从树木而来的：从两个人的结合中繁衍出子孙后代，而这种结合往往用两棵树的相遇来表示，尤其是在北美印第安苏人部族和非洲布须曼人的文化里。树木也是知识的象征和载体：法国国王圣路易在橡树下向人民宣扬司法和正义，祭司们围坐在十字路口的榆树下传道解惑，而在西非则有"大树下的民主"这种公众议事的传统。事实上，顶天立地的大树正是智慧的象征。在喀麦隆，咖啡树是由家族族长掌管的。最后，树木完全同生命周期和四季交替联系在一起，也与万物复苏和节令仪式息息相关，因此树木还带有除旧迎新的意味：美洲印第安人的白松[1]、黎巴嫩的国树雪松、象征着冬至的圣诞树，还有奥罗莫人在婴儿出世时种下的咖啡树。

1

根据印第安神话，造物主造了一种树，把在长夜中死去的人的灵魂放入树中，这种树就叫作白松。

右页图

~

在巴拿马和印度的某些山区，

自生林是受到保护的。

百年老树在那里岿然屹立、开枝散叶，导致可供咖啡种植的区域很少。

花的质量。别忘记了，阿拉比卡种咖啡树是自花授粉的，因此最好在同时以均等的方式被授粉。这种控制还能够维持咖啡树的活力，通过减少温差、强健植株、为那些互相对抗的有机质以及微生物和昆虫注入活力，继而抵御病虫害的侵袭。果实的品质也从而受到影响。如果该植物物种还具有抵御某种虫害的保健作用，那就再好不过了。树荫和农林间作法还能够为咖啡农带来辅助收益，有时甚至会大大超出咖啡一项的产量，比如柑橘、可可、香蕉、木材、依兰、香根草、胡椒、香料，等等。

覆盖土壤

地面覆盖法（mulching）

有一种辅助树荫的方法，是在一排排的咖啡树之间覆盖藁杆或褥草，这就是我们常说的"地面覆盖"。这种方法同覆盖植物相结合，可帮助土壤更好地抵御暴雨来袭，并在缓慢分解的天然堆肥中得到养分。我们可以根据植物的需求来加以调整，重新协调所需的 pH 值，减少对根系的威胁并在降雨有限的时期或区域维持较高的湿度。在也门等最为干旱缺少植被的地区，常见的做法是用石头和石子覆盖地面，以维持一定的湿度，这有点像我们在花盆和花园里放置黏土丸子的做法；而在种植葡萄和无花果的加那利群岛和法国南部教皇新堡葡萄酒产区等多风地区则采用火山砾来覆盖。石块能够起到稳定温度的作用：在白天发热，在夜间冷却。也就是说，并没有什么最理想的做法，人类会根据各种实际情况发挥专业技能和实干精神随心进行调整。如果去全世界各地的种植园走一遭，您一定会爱上这种丰富多样的景观，赞叹农作物及其种植景观的力量，并对农作物成千上万种布局、修剪和构成叹为观止，从而坚信我们的道路确实是无止境的。种植首先是一场人类的冒险，因为它需要人类改变自己的看法、同大自然握手言和、同一切"他者"握手言和，最终实现和平共存的关系。

创造咖啡的那些人……

希波克拉底、帕拉塞尔苏斯、歌德和斯坦纳

历史上曾出现四位学者，他们生活的时代虽然并不相同，但都是古往今来广大咖啡农和咖啡爱好者的祖师爷。第一位名叫希波克拉底（公元前460—公元前370年），他特别强调宏观世界和微观世界之间整体和对应个体的重要性，认为万物的四种基本元素的协调和流通有助于恢复平衡；第二位名叫帕拉塞尔苏斯（1493—1541年），是中世纪时的医生、占星师和炼金术士，通常被视为符号论和顺势疗法的创始人之一，对顺势疗法理念的传播做出了重要贡献，倡导"同类相生，以毒攻毒"和"适量是药，过量是毒"；歌德（1749—1832年）可能通常被视为浪漫主义作家，但他的作品，比如著名的《浮士德》（出版于1808年），可说是启蒙书，书中对色彩、光学和植物现象的描写成为诸多科学家、艺术家以及咖啡农的参考资料；最后一位名叫斯坦纳（1861—1925年），是人智学和生物动力农法之父，他从前人的学说以及印度吠陀教和农民的智慧中吸取知识，提出了一套新农法基础理论，同时在1924年的七次专题讲座中对此做了介绍，并以《致农民》为书名出版。

数字里的咖啡史

关于咖啡

生产

·90 多个：这是咖啡生产国的数量，这些国家均位于热带地区；

·2600 万：这是直接在咖啡领域工作的人数，出自国际咖啡组织（IOC）2010 年的数据，另外有 1.2 亿人间接从事与咖啡有关的工作；

·每公顷 15 000 株：这是咖啡树种植的最大密度，而且这些树种往往很矮小。其他品种咖啡树的种植密度一般为每公顷 3000~4000 株。

植物

·3 岁：这是咖啡树第一次采收时的树龄；

·3 个月：这是从种子发芽到长出第一片叶子所用的时间；

·2~3 米：这是成年咖啡树主根的长度；

·30 厘米：这是 90% 根系的深度；

·5.2~6：这是利于咖啡树生长的理想土壤 pH 值。

花朵

·95%：这是阿拉比卡种咖啡树借风传粉的比例，另外 5% 则依靠蜜蜂等昆虫授粉；

·2 天：这是咖啡花在被授粉以后凋谢的时间；

·25 000~30 000：这是一年内一株罗布斯塔种咖啡树可能长出的花朵的数量。

果实

·8~9 个月：这是阿拉比卡种咖啡从花朵到结果所需的时间，罗布斯塔种咖啡则需要 11 个月；

·65%：这是咖啡果的含水量；

·3000 千克：这是以产量至上的农作法里每公顷咖啡生豆的最大产量（小咖啡农平均只能生产 300 千克）。

左页图
~
农林间作法对咖啡种植园至关重要。
这是一株香蕉树。
其他树种能够为广大农民带来额外收入、
丰富的枯枝落叶层，
并起到固定土壤、为咖啡树遮挡阳光、
形成有益堆肥的作用。
香蕉叶和果子的堆肥富含钾。

访谈

克劳迪奥 · 科尔洛

克劳迪奥 · 科尔洛先生是全球咖啡和可可领域首屈一指的大人物。35 年来，他一直居住在非洲丛林里，这里以前属于刚果，现在名叫圣多美和普林西比。这位农学家积极推行一种少见的农作法，某些人将他视为热带的福冈正信（自然农法的倡导者）。他创造出一种稀有纯粹的果实。

对您来说，咖啡是什么？

科尔洛：这是一种我们经常谈论，但实际上知之甚少的产品。就我个人来说，这是我离开意大利和欧洲以来生活的全部。当我喝咖啡时，它是伴我一生的挚友，是我生命中的一部分。

您为什么决定在非洲当一名种植园主？

科尔洛：因为我一直热爱大自然和广袤空间，不想再住在欧洲。我曾在佛罗伦萨学习热带农法，有一天，非洲征服了我。

能否描述一下您的种植园？

科尔洛：我刚到时，Nuova Moka 种植园由于推行合作社项目失败已经荒废了。本来这个项目是想在 102 公顷的土地上建立一个机械化种植园，但由于当地石子较多，种植卡帝姆和卡杜艾等高产量的杂交种又告失败，这个合作社的项目无法顺利进行。当时有些地块的土壤完全被机器和沟渠破坏了。好在之前的种植园主没来得及对土壤进行化学处理。我花费了多年的时间，重新打理这块种植园，开凿道路，把它有条理地划分为区域、组列、区块、纵列等。还有一项大工程就是拣选树苗。

除了可可，您还种植三种咖啡，是哪三种？为什么是这三种？

科尔洛：按照产量从大到小，分别是阿拉比卡、大果咖啡和罗布斯塔，我最近还种植了高产咖啡。在所有这些种类里，我选用了好几个亚种，比如两种大果咖啡的亚种和三种阿拉比卡咖啡的亚种。事实上，圣多美这个地方在葡萄牙统治时期一直都是培育世界各地树苗的苗圃，因此在岛上甚至可以找到东帝汶的典型品种！在过去曾有过的 12 种阿拉比卡咖啡中，我们精心挑选了 4 种重新栽培，观察它们变成咖啡饮料的整个过程。只有口感才是我们最好的导师。所有不讨人喜欢的缺点都被淘汰掉了。

一个高品质种植园的主要要素是什么？

科尔洛：一个种植园是且只能是一个平衡的机体。它唯一的宗旨是在最大程度上实现苗木的健康，而不是用化肥来追求产量最大化。这需要技巧和勇气。

您是如何评测这种健康的？

科尔洛：这就是我 30 年来的工作！我一心一意只为了这个而活。只要看看来到我种植园的那些人，你就能明白一切了。他们随意坐下来，阳光小心翼翼地照射进来，空气自然地流通，感觉是那样自在。和谐和平衡就是宗旨。在自家产的咖啡里，我重新感受到了这两点。时间久了，产量也很稳定。

一个好的种植园和一个坏的种植园有何区别？

科尔洛：这要看从哪方面来评判。大部分人都说我的种植园是模范种植园，这让我吓得跳起来。什么叫模范种植园？一般来说，所谓模范种植园每公顷种植的咖啡树超过5000棵，人工灌溉，全部施化肥，全部机械化！在我看来，这是疯了！平衡是自然的，是各种物种的和谐共处，种植园必须能够促进物种间的这种交流。如果某些地区的土壤不适合咖啡生长，那么就种点别的，比如桂皮树什么的，其种植密度、树荫和修剪情况都必须相应进行调整。

因此，我让空气在种植园里自由流通，从海边一直到山顶畅通无阻。

我的咖啡树就和白杨树一样，树叶始终在飘动。我带到这里的土地整治法之一就是玻利维亚的古柯种植园里常见的背坡干石块梯台。它能够防止沟渠侵蚀，帮助有机质积累，从而促进微生物生长。咖啡树的根部还会寻找储存最佳养分的石壁——那里的蚯蚓数量最多。

在咖啡采收后的加工处理中，哪些步骤在您看来比较重要？

科尔洛：所有步骤都很重要，但有三个步骤值得特别强调一下：第一个就是修剪。我接管了一个废弃的种植园，所以就得让这里的灌木构成一个在数量和品质上都适合果树生产和咖啡农作业的种植园。接着，在一整年的时间里要进行剔枝，也就是剪去新出的幼嫩芽枝，一年可达8次之多。最后，我会开凿泉水，最大程度上为我的树株通气，避免各种病害。

第二个在我看来比较重要的步骤是发酵。我采用的是湿式处理法或半日晒处理法。我的咖啡果由机器去除果皮和外果皮。我们称为黏膜的果肉部分必须用发酵的方式来去除。我完全依靠手感、视觉和嗅觉来判断是否该终止发酵。在发酵之前，我会查验水中的细菌活性、温度以及水量和咖啡的比例。一般来说，发酵需要10~20个小时。

最后一个重要步骤是晾晒。我会把所有咖啡果露天晾晒大约3天，随后全部放入通电的干燥器中。这样一来，我就可以控制干燥的进程。只需一个星期，所有的咖啡果就会被晒干，就和可可豆一样。

加工

酝酿发酵

我们看到，要想获得这两个问题的解决方案，就必须首先了解易发酵的本质并分析发酵的产物；因为没有什么是凭空创造出来的，无论是在艺术操作还是在自然界都没有，我们可以断定：在所有操作中，操作前后的物质都是等量的；本原的质量和数量保持不变，只是发生变化了而已。……没有什么被减少了，也没有什么被创造出来，一切都转化了。

——安托万·拉瓦锡（Antoine Lavoisier），《化学基础论》（*Traité élémentaire de chimie*），法国教育部出版社，1864 年

采收

自然馈赠，人类支配

发酵是人类最具标志性的活动之一。这种引人入胜的"可怕"活动拥有无数反对者和拥护者。那些玩转发酵的人士往往是手工艺人中的佼佼者，其中包括用酒曲酿酒的酿酒师和用酵母发酵的面包师。从葡萄酒到生物化学的各行各业都有这么一群专家在控制着发酵过程。发酵关乎我们生活中的各方各面，从水的净化到塑料和药物，还有人们吃的奶酪，无不要用到发酵。咖啡也不例外，但在发酵前，首先要进行采收、运输、晒干和调配。单纯的发酵并不存在，必须把它放在一个整体里对待。

经过几个月的缓慢成熟，咖啡树的第一批果子终于迎来了成熟期。某些品种的成熟期来得比较早，伊卡图就是相当早熟的咖啡品种，某些低海拔或日晒强烈的风土产的咖啡也很早熟。想要知道什么时候可以采收，咖啡生产者会参照对比好几项指数，光有一项指数是不够的，也没有一项是绝对的。这是因为咖啡果并非同时成熟，事实上情况要复杂得多。在同一棵咖啡树上，顶端的一颗咖啡果和较低处一根枝条上的果子相比，成熟期可能会相差一个月以上。东南朝向的咖啡果和朝北的咖啡果也是如此。将上述因素同咖啡树的数量加成，您就能够明白，为什么在想要生产出优质咖啡的人士看来，一天内采收完所有咖啡果是不可能的。采收者会观察果子的颜色：其颜色必须通体为红色，某些品种甚至可能是紫色或黄色的。然而，一颗看起来成熟的果子可能并未成熟。采收者接下来就要查看太阳难以照射到、双手也难以触及的茎根部是否还是绿色发硬的。他还会借助一种测量白利糖度（单位为°B）的折光仪来测量溶解在水中的干性物质的糖。他们通常不会采收白利糖度在20°B以下的果子，并且对天然

章首图
~
咖啡生豆。
这就是咖啡豆将要烘焙时的样子。
咖啡生豆分析是确定烘焙类型的必要条件。
在这里，我们可以看到咖啡豆上还带着大量厚厚的银皮，
这说明这批咖啡豆采用了半日晒处理法。
我们还可以注意到，这些咖啡豆色泽不均，
而且个头较小。

咖啡来说这个数字的要求甚至会更高。最后，有些采收者会先品尝一下果子，看看糖度和香气馥郁程度如何。在品尝时往往会感觉到某种石油的味道，就好像喝雷司令干白葡萄酒陈酿那样；有时会出现一些果味，可惜果肉并没多少。我们可以像享受蜜桃那样品尝咖啡果。成熟期采收是咖啡品质中的一大关键，因为这决定了糖度和香气的馥郁程度（果皮中的类胡萝卜素）。如果在一批咖啡果中有生果子存在，就会破坏整杯饮料的风味（参见第11页《品味》一章）。可要想严格把关谈何容易，对于优质咖啡，通常容许每批采收到的果子中存在10%的生果子。您现在就该明白，为什么一名优秀的生产者也是优秀的耕作者——他必须在保持最佳品质的同时，最大程度缩短果子的成熟期（参见第217页《种植》一章）。

采收的选择影响到产品品质和经济效益

　　成熟期采收只能在优质的种植园内进行，也就是并非采用机械化方式（采收拖拉机）或速剥采收法（stripping）的那些种植园。我们常说的手工采摘（picking），就是将咖啡果从树上一颗颗采下来，并把它们放进篮子、袋子中，甚至是镂空的小木箱中。由于一株咖啡树上可能会结出几千颗果子，采摘者必须分多次进行。采摘的次数是优质咖啡的关键。咖啡采摘就好比我们在葡萄园中分几次采摘晚收的葡萄来酿制甜烧酒。在采收时越是精挑细选，每次采收到的数量就越少。因此我们估算出，一次高品质的采摘每小时能够收获 5 千克左右的果子，最后能获得的咖啡生豆为 1.25 千克，烘焙以后就只剩 1 千克了。某些生产商，比如美国精品生豆供应商 Ninety Plus 的负责人约瑟夫·布罗茨基，会要求咖啡豆必须品相完美，也就是需要采收者把枝干上的所有果子一颗颗摸过来……因此他们每天采摘到的果子重量还不到 2 千克！这位生产商的咖啡品质出色，但是极少有消费者愿意支付令人如此咋舌的价格。总而言之，由于平均人力成本过高，在同一棵树上分超过五次采摘很难。咖啡领域就和其他领域一样，在其品质上的花费不容缩减。

　　如果您是位内行的咖啡爱好者，那么您很快就能明白，为什么某些产地的咖啡比其他产地的更受追捧。这些产地的人力成本通常更低，所以能够以较低的代价生产出优质咖啡。目前萨尔瓦多咖啡就是其中的代表。

同时间赛跑

　　在所有的咖啡种植园和地区，采收都是一个万众期待的时期，同时充满了希望和焦虑，就如同温暖国家的收获季那样。它是丰收、集体劳

> 咖啡领域就和
> 其他领域一样，
> 在其品质上的花费不容缩减。
>
> ◀◀◀

作、团结一心的代名词，也是一段漫长而可怕的时光，各个环节都很重要。当地人要夜以继日地弯着腰采摘果子，背负篮子，倾倒在桶里，最后称取重量。

发运采收到的果实

分秒必争

采收一般在早晨进行，为的是在对咖啡果进行筛选和称重以后，在下午能够在名叫"生豆处理厂"（Benficio）、"中央处理厂"（Central Processing Unit，简称 CPU）或是采收后处理中心进行加工处理——各地对此都有不同的叫法。在生物动态农法中，早晨是最好的时段，因为正所谓"一年之计在于春，一日之计在于晨"，它对应的是元气，也就是能量和香气上升的阶段。而在许多地区，采收的时间往往会很长，有时甚至是过长。因此，由于缺乏设备或者是定期固定的水源（咖啡采收都是在旱季进行的），许多种植者无法就地对咖啡果进行加工处理。他们试图在采收后 6 小时内将果子发运出去。我们知道随后就可能会出现果子发酵等诸多问题。一旦超过 12 小时还没有得到正确处理，这批果子通常就只能扔掉了。一方面，许多国家的道路基础设施建设使情况大大改善，咖啡农用骡子扛着装满咖啡果的大麻袋下山的传统形象很快将成为历史。羊肠小道变成通衢，捡拾咖啡豆、骡子、时光和岁月都一去不复返；另一方面，某些咖啡农把限制转化成一种力量——为了抵消交通不便所带来的影响，他们发明出新的采收加工处理法，比如巴拿马的蜜处理法、印度尼西亚和哥伦比亚的袋中发酵法以及晚收法。

生豆处理厂的到来意味着一连串有序做法的出现：第一道工序在于去除咖啡果中的杂质，即"风选"（winnowing）和"筛选"（sifting），随后是根据密度进行浮选，查验颜色并用筛子筛过，以确保原材料品质上乘、大小均匀。采收者本身以收获咖啡果的重量或数量以及质量获得报酬，而在那些大型种植园里则是由机器过秤后自动支付。

发酵是关键的一步

传统发酵法：天然晾晒法

在过去，采收到的咖啡果被摆放在专门的曝晒场、屋顶露台或是道路上直接在太阳底下晾晒，然后会被时不时地翻动以防止腐烂，这种方法

如今被称为"天然晾晒法"（Natural Coffee）或"干式处理法"，因为在整个处理过程中无须用到水。这种方法传播很广，几乎所有的罗布斯塔种咖啡和相当一部分的阿拉比卡种咖啡是采用这种处理方式的。这种长期被低估的方式再次引起了广大内行消费者的兴趣，优质的天然咖啡——新天然咖啡，近年来鼓励广大咖啡农采用优质干式处理法。只有筛选后的成熟咖啡果才会被铺在水泥地的庭院中，而不是直接在地上进行，而且最好是铺在悬空的露天晾晒床上面，甚至是湿度得到控制的隧道内。巴西和埃塞俄比亚等地最好的咖啡农采用这种工艺方法控制晾晒的所有步骤。

在干式处理法中，咖啡果在露天发酵直至完全晾干，有机质（果肉）发生降解，果皮和果肉中的花青素、苯酚和糖都渗透到咖啡豆中，使咖啡豆出现天然咖啡特有的光泽。人们喜爱天然咖啡的醇厚、腻滑、甘甜和果香主调。但那些带有"发酵"香气的最常见的天然咖啡，散发着各种猎物和腐败的气味，其强烈的醋酸味依然让人却步。此外，正是由于这些特点，在19世纪末，为了生产出优质咖啡，干式处理法被湿式处理法所取代。

湿式处理法的发明

离开埃塞俄比亚和也门以后，咖啡树遭遇了全新的生态系统，原有的习惯做法被颠覆，采收后的加工处理法也随之改变。从那时起，咖啡树生长在采收季特别湿润的地区，干式处理法在那里几乎无法进行。在哥伦比亚，曾经有实验表明：在那里要想把咖啡果晾干，需要近25天的时间，而在干燥地区则只需10天。在咖啡进入印度尼西亚爪哇岛和加勒比海地区（牙买加）以后，大约在1730年左右，人们改用水处理咖啡果——这就是所谓的"湿式处理法"，这种工艺生产出的咖啡名叫"水洗咖啡"（washed或lavabo），这种处理法随着中美洲丘陵地带的殖民化而被普遍采用。到了19世纪末，它成为当地主流咖啡处理法。渐渐地，这种方法的条理越来越清晰，并在各个国家形成多样化发展，从而造就了每个产区的标志和风味。这种多样化在很大程度上取决于水的利用。

今天，咖啡果首先被运送到生豆处理厂经过挑选，然后会被浸在水里进行清洗和再次遴选——先是浮选，随后用筛子对大小进行筛选，最后去除果肉。这些果子在果肉筛除机的大缸里被去除果皮和果肉，上面只残存一点果肉，也就是黏膜。通常我们会一排放好两三个果肉筛除机，上面配备的钳口越来越紧，以便去除各种大小的咖啡果上的果肉。如果机器没有设置好，咖啡豆就会受损，或者上面还残留着果皮。所以说，发酵是粗略的工序，存在着许多缺陷。留在咖啡豆上的黏膜（果肉）大约占咖啡果重

创造咖啡的那些人……

格拉西亚诺·克鲁兹

不知名的个人尝试诞生出了几位大名鼎鼎的人物，其中有人甚至成功地推广自己的创新方法，从此奠定了自己先锋者的美名。这里面就有蜜处理法的"发明者"格拉西亚诺·克鲁兹。这位出生于博克特的巴拿马人是一位兢兢业业的农学家和生态学家，如今已经成为受人欢迎的农学顾问，是巴拿马博克特著名有机种植园 Los Lajones 的所有者。他本人常住在萨尔瓦多，并在那里开展自己的 HiQ project 项目。格拉西亚诺·克鲁兹很快就意识到了中美洲广泛采用的以湿式处理法为主导的咖啡采摘后处理方法所引向的环保死胡同。他推行的理念是什么？是通过改变黏膜、湿度、晾晒的方式和时间来捍卫干式处理法，从而创造出新颖的发酵过程乃至香气特点，比如蜜香、花香、甜香以及酸香。

量的 25%，微生物会对其进行降解。发酵在装满了已去除果肉的咖啡豆的大型发酵槽里进行。这些发酵槽的大小必须根据采收高峰期时的产量进行调整，以便能够同时容纳大量咖啡豆，确保发酵均匀。因此，我们经常能看见深度达到 1.5 米的咖啡豆发酵槽，但是那种用于实验和小产量咖啡的迷你发酵槽也很常见。

湿式处理法

我们根据当地的气候条件，将咖啡豆在这些发酵槽中停放 12~48 小时。这种将咖啡豆浸泡在水里的发酵法名叫"湿式处理法"。这种方法较为缓慢，所以一般被印度等炎热国家或是中等海拔高度的国家所采用。如果没有用到水，那么这种发酵法就叫"干式处理法"。干式处理法较为快速，常见于拉丁美洲比较寒冷或高海拔的地区。在发酵的同时，需要多次测量温度——一般先上升后下降，还有 pH 值也会从 5.5 降到 4.5 左右。最后如果散发出一种印度栗子糕的味道，而且咖啡豆在手中摩擦作响，那么整个发酵过程就算完成了。我们通常还会在发酵池里插入一根棍子，观察咖啡豆是否会粘在棍子上：如果豆子粘在棍子上，那说明还残存着一些有机物；如果完全不存在黏附现象，那就说明有机物已经完全降解了。这时就要完全停止发酵，以防止豆子变酸。为此，某些地区通常会进行第二次发酵，其功用同清洗相同，有助于增加咖啡豆香气的层次感和干净度。第二次发酵的方式可以同第一次一样，也可以和第一次完全相反——在后一种情况下，我们称之为"混合处理法"。卢旺达的咖啡农艾曼纽·瓦卡加拉·宗其泽（参见第272页至273页）和留尼汪岛的弗雷德里克·德拉科拉瓦（参见第120页至第121页）采用的都是混合处理法。

无论采用的是何种方法，在发酵以后都会用大量清水冲洗咖啡豆，并用铲子用力搅拌，或是在有活水的运河里冲洗。从卫生方面来讲，这是关键的一步，可以避免出现再次发酵。大部分醋酸会在这一步骤中被洗去，所以同天然晾晒的咖啡豆相比，水洗咖啡豆中的醋酸含量很少。因此，湿式处理法的可行性和品质同当地水源的充足程度和纯净度密切相关。最后，经过发酵和清洗的咖啡豆上只剩下羊皮纸，所以被称为"羊皮纸咖啡豆"，此时可以根据需要进入其他处理步骤，比如用机械手段将发酵后咖啡豆上的黏膜去除，如同给器皿上光一样彻底清洗咖啡豆，或者把羊皮纸咖啡豆浸泡在水中数小时。这两种方法有时会同时使用，但绝不是常规做法。

发酵

一种复杂的生化现象

一般来说，发酵就是微生物将有机质转化为能量和有机酸等基本化合物的过程。也就是说，发酵的质量取决于微生物群的数量、种类和效力。发酵不止一种，而是有很多种，其中包括酒精发酵、乳酸发酵、苹果酸—乳酸发酵、醋酸、腐烂发酵、真菌发酵，等等。同样，微生物也并非只有一种，而是分成三大类：细菌（厌氧微生物）、酵母菌和菌丛。其中数量最多的是厌氧微生物（生长不需要氧气）和嗜温微生物（在室温下生存）。每一种微生物都有自己的作用，如明串珠菌等乳酸菌负责黏膜的降解以及醋酸和乳酸的生成。在不同的生存环境里（氧气、温度、湿度等），有待转化的有机物的数量和质量都不同，所有乳酸菌"齐心协力"，繁殖壮大直至死亡。在这一过程中，它们产生能量（热）和气体。正因如此，从"微生物学之父"巴斯德的学说问世以来，人类达成了以下共识：发酵产物是有生命的。

咖啡是仅存的几种用本地酵母发酵的产品之一

就和大部分手工（奶酪、酒精、面包、可可等）和机械（塑料、可可等）发酵产品一样，葡萄酒酿造工艺（葡萄酒的生物化学）中采用的微生物是"外来的"，实验室把它们买来以确保获得的产品品质均衡并符合标准。因此，在葡萄酒领域存在著名的地区风味，在奶酪里出现了色泽完美的奶酪皮。只有咖啡始终坚守着一方阵地，目前仍然采用本地酵母发酵！由于广大咖啡农财力不够、种植园规模不如人意，再加上咖啡豆发酵过程快得难以掌握，有关咖啡的生物化学研究尚处于起步阶段。过去曾有过几次尝试，试图引进外来的果胶酶（天然存在于果实内）。今天，葡萄酵母的领头羊和几个大型集团再次在这方面投资。几个最大型咖啡种植园几年之后势必会采用这些商用酵母，这同有些种植园已经开始采用酸性添加剂一样意义重大。这些酵母可说是无所不能：增加咖啡中的固体物质、产生某种香气或酸度、强化脂类含量从而增加咖啡脂等。目前，我们主要正试图了解这些酵母的活性和生存条件（温度、湿度、生存期、存在的物质等）。某些酵母存在于果实上面，同环境息息相关，耕作模式是对它们有利还是有害尤其要紧；其他酵母存在于转化场所中（装运箱、晾晒台、生豆处理厂、中央处理厂等），所以卫生状况至关重要；还有一些酵母在用到的水甚至是空气中发生变化。所有这一切让咖啡的发酵情况变得异常复杂，不同地方会有很大的差别，更何况咖啡豆本身作为原料也千差万别。

> 良好的卫生环境
> 有利于培养有益微生物群。
>
> ❀❀❀

卫生状况是关键因素

用水大量冲洗

为了确保发酵顺利进行，整个过程必须在最佳条件下进行，其中卫生状况最为要紧。也就是说，如果有一颗咖啡豆被遗留在机器或发酵槽内，它就会继续发酵直至腐烂，继而殃及接下来的几批咖啡豆。只要有一颗咖啡豆发酵过度，就会感染 7 千克的咖啡，果肉也是一样。为此，在整个处理过程中，在两批咖啡豆发酵间隔，必须用大量水冲洗（纯净不含杂质的水）。高度卫生是培养有益微生物（基质）同时避免有害微生物的保障。因此，某些对自己微生物群的质量和卫生比较自信的咖啡农会维护其发酵基质，为接下来的发酵保留上一次清洗所用到的水，就跟面包师培育自己的酵母如出一辙。

创造咖啡的那些人……

路德维希 · 罗塞鲁斯

在所有"咖啡之父"中，他无疑是最不出名的那个，但他的发明不容小觑。路德维希·罗塞鲁斯是第二次工业革命中的一个德国企业家，专门经营石油化工产品。1906 年，在前人多年研究的基础上，他研制出了一项重大技术：去咖啡因工艺——通过加热并把咖啡豆浸入苯溶剂中，就可以成功地去除咖啡因。这位发明者意识到了其中的商机，很快就创建了自己的公司，并以多个名称推广这种全新化学饮料：在德国叫"Kaffee Hag"，在法国叫"Sanka"，在美国叫"Dekafa"。他很快就遇到了竞争对手。罗伯特·胡伯纳开始销售无咖啡因水溶咖啡。从那以后，去咖啡因的方式层出不穷，而咖啡中好不容易被去除掉的咖啡因却通过药物和碳酸饮料继续充斥着我们的日常生活（参见第 80 页《含咖啡因的咖啡》）。

气温是发酵的支柱

发酵的第二大条件就是控制气温。发酵过程会产生热，直接同温度息息相关，因为有益的嗜温细菌工作的理想温度介于 18 摄氏度至 26 摄氏度之间。气温一旦超过 30 摄氏度达到 35 摄氏度，发酵就会退化变质；而如果气温低于 18 摄氏度，发酵就会减缓甚至停止。正因如此，咖啡农倾向于在较温和的夜间进行发酵，发酵速度会比较慢，同时比较容易掌控。毫无疑问，咖啡种植业很快将会采用可调节温度发酵槽。这种设备目前还很少见，却能精确地控制发酵的过程。

同样地，发酵槽的选择（形状、容量和材质）目前也受到物质条件和传统工艺的制约。打比方说，我们知道形状起到决定性作用，比如椭圆形能够促进原料和能量较好地流通，从而提高发酵质量。而哥伦比亚人的小型生豆处理厂内用的则是一些末端浑圆的小箱子。我们还知道，发酵槽材质的热特性、孔隙度（同卫生有关）以及电荷中性同样会影响到发酵。在炎热的风土里，我们偏向于采用水泥等冷材质；在寒冷地区，则使用不锈钢等导热材质。

水是基本条件

　　水也是咖啡发酵的要素之一。一方面，水的 pH 值、矿物质组成、传导性、细菌的数量以及氧气含量都会影响湿式处理法中的各个环节（筛选、去果肉、发酵、清洗、去除黏膜、浸泡），而这些因素由于地方性局限很难被掌控。另一方面，水被大量用在咖啡湿式处理法中，但这种处理法往往遭人诟病。据估算，在大部分情况下，要处理 1 千克羊皮纸咖啡豆，要用到 20 多升水，其中仅去除果肉一个环节就要用到 8 升！那么，就整个咖啡生产链而言，如果不对水加以回收利用，那么每千克咖啡生豆要用到近 200 升水。那么我们可以计算一下，冲泡一小杯浓缩咖啡，总共需要用到多少升水？而这些发酵处理结束后的水里面充满了微生物，富含钾而且缺少氧气——因为在发酵过程中，氧气都被微生物吸收了。这种水对环境极其有害，构成了咖啡产区的一大主要隐患。经过大力动员、各种法规和"亲水"（Water Friendly）标签不断出台，水处理和回收方面取得了切实的进步。由此一来，性能最好的咖啡机如今每千克咖啡豆的耗水量不再高达 20 升，而是每 100 千克 8 升……尽管如此，此类机器的价格往往不菲，在某些人看来，其性能尚且不太让人满意。所以说，湿式处理法同采用干式处理法、追求"简单快乐"的古人的要求有天壤之别。

聚焦

经过预先消化的咖啡豆

　　动物吞下果子，在体内进行消化，然后排泄到地上，很快一棵树从粪便中长出来了——这就是物种传播的天然循环。在冬季滋养成熟的甜美咖啡果也不例外。大部分农户积极驱赶对庄稼有害的动物（啮齿类动物、猴子、鸟类），但另一些农户则意识到：消化其实是最好的发酵方法。今天，要想预先消化咖啡豆，人们通常会借助一种有袋类的负鼠来进行。预消化咖啡豆凭借其饱满的口感和异国风味而大受欢迎。印度尼西亚的猫屎咖啡也是媒体报道最多的，却很少有野生的。而最好的鸟屎咖啡、象屎咖啡却不为人知。人们对于预消化咖啡的关注并非是近年来出现的潮流，因为早在 18 世纪的印度，猴屎咖啡就曾大行其道；而在 20 世纪初的印度尼西亚，蝙蝠屎咖啡更是登峰造极。

水洗咖啡的全新替代方式

以半日晒处理法和蜜处理法为第三种途径

正是这种重视促成了咖啡处理新方式的出现。另外在采收高峰期，由于生豆处理厂和湿式处理法存在着感染咖啡豆的风险，这最终促使广大咖啡农考虑在跳过发酵槽发酵，保留去果肉环节的同时采用其他方式。去除果肉的咖啡豆被直接送去以机械方式去除黏膜，也就是生化发酵法：除去已经被去除果肉的咖啡豆的黏膜。这种处理咖啡豆的方式被称为"半日晒法"。另外还有一种处理方法，是直接将已去除果肉的咖啡豆进行晾晒，这就是巴西的半日晒处理法和蜜处理法。

为了避免咖啡豆在发酵槽中发酵，防止出现干式处理法的种种缺点，人类可算是经历了一场革命，让许多产量至上或是品质不佳的地区获得了长足的进步。凭借这种方法，我们寻求对时间、水量进行掌控，实现最优化，从而降低成本。其中获益的主要是那些大型作物产区，或者是在采收期气候干燥的中等海拔高度地区，比如在 20 世纪 90 年代早期初具规模的巴西。残存在咖啡豆上的黏膜将在太阳下发酵晾晒十几天，以获得美味的咖啡——虽然香气层次有限，但口感饱满干净，是调配浓缩咖啡的理想原料。后来到了 21 世纪初，由于人们对于晾晒时产生的咖啡发酵有了更加精确的认识，咖啡处理法出现了变种：蜜处理法（参见第 255 页《格拉西亚诺·克鲁兹》）。人们不再为了减少同发酵有关的任何风险而想尽方法去除黏膜并尽快进行晾晒，而是灵机一动改变黏膜的数量和晾晒的过程。通过改变黏膜湿度和厚度，人们成功地创造了一种"黏稠的蜜"（该处理法即以此得名），把咖啡豆"浸泡"在其中。另外还可以把这些咖啡豆储存在袋子里，以达到某种品质效应；或是直接在晾晒床上晾晒，并采用各种厚度——一般接近 10 厘米，但在其他情况下不超过 3 厘米。这种方法需要聚精会神、持续搅拌并测量含糖量和湿度。这种方法存在着许多变种：亨里克·斯洛佩（参见第 123 页《追寻》一章）采用的波浪蜜处理法（Wave Honey Process）是把咖啡豆放在晾晒床上晾晒时分成一小堆，而不是连成片。其他咖啡农则在黏膜数量或浸泡和晾晒时间上做文章，创造出了黑色、红色和黄色蜜处理法，产生浓淡不一的咖啡豆香气。蜜处理法在广大消费者中大获成功，因为这种处理法能够加强咖啡豆的酸度、甜度以及花香，这三种特点在手冲咖啡里备受推崇。

另外还存在着其他种类的发酵法，如厌氧发酵和印度尼西亚苏门答腊的湿刨法。在后一种方法中，咖啡在发酵槽中发酵，并在 50% 的湿度下

传统做法是直接把
咖啡豆铺在地面上晾晒。

❦❦❦

左页图
~
在采收日结束时，
采收者会运来咖啡果，
在遴选后进行称重。
接下来，这些咖啡果会被倒入水槽中
清洗，
随后被水流带去果肉机。
（尼加拉瓜圣弗朗西斯科种植园）

去除羊皮纸。同咖啡生产的所有环节一样，我们正处于一个创意无穷、其乐无穷的时代。

咖啡生果和其他废物的利用

所有因未成熟或缺陷（主要通过浮选）而被因讲求品质至上原则淘汰下来的咖啡果也会经过一番处理，因为对咖啡农来说，它们也是不容小觑的一部分收入来源。当然，这部分有瑕疵或未成熟的咖啡果的比重一方面取决于同一株咖啡树采收时的均匀度，另一方面则是由采收方式决定的。这些果子可以在水池中经过短暂浸泡后，采用干式处理法对其发酵，以加快它们成熟的速度；也可以出于品质考量，事先经过遴选并去除果肉。它们将会被用来供应速溶和低端咖啡市场。

所有咖啡豆都经过发酵

各种发酵类型

所有咖啡豆都经过发酵，但并非都采用同一种方法。千万不要再听信某些人的蛊惑，说什么某些咖啡"未经发酵"。这只能说明这些咖啡豆未经天然晾晒，未经水洗，而是采用了半日晒处理法进行发酵。这种误解是由于，除了水洗咖啡豆，大部分咖啡豆都是在晾晒时进行发酵的。这个关键步骤过去被长期忽视了，而近年来正在经历一场变革。

长期被忽视，如今被呵护的晾晒法

晾晒原本只是采摘后的一个简单步骤：把刚采收到的新鲜果子或是羊皮纸咖啡豆（已去除黏膜）的湿度从 60% 降至 12%，以免细菌滋生。但事实远非如此简单。晾晒是一个敏感环节，对果实发酵的干式处理法和混合处理法来说更是如此。晾晒传统上在地面直接进行。在某些条件匮乏的地区，有时也为了培养出某种"原生的"风味，依然在使用这种方法。除了印度尼西亚某些带有土地、腐殖质和蘑菇味的风土除外，人们会保留咖啡果或咖啡的羊皮纸以起到保护咖啡豆的作用。在地面进行晾晒的同时，随着地面湿度的上升，咖啡果也吸收了大地的气息。而在今天，最常见的晾晒是在庭院里经过改良的铺着砖块、水泥或其他热惯性材质的地面上进行的，为的是抑制土壤湿度上升。但在某些高海拔地区，空气中的湿度饱和，每天都有降雨，这种地面晾晒就不可能进行了。在这种情况下，就得想办法用机械干燥机（由木柴、天然气、石油或电提供动力），在产

右页图
~
左：一个运作中的小型去果肉机。
完整的咖啡果从上方倒入，
被去除果肉的咖啡豆从下方直接落入
发酵槽。（尼加拉瓜 Ramacafe 种植园）
右：在同一个种植园内封顶的庭院内，已
去除果肉的咖啡豆正在晾晒中。
这里采用的发酵法是蜜处理法，
也就是咖啡豆带着黏膜进行晾晒。
我们可以注意到，
黏膜中的糖分让咖啡豆粘成一团，
齿耙被用来搅拌咖啡豆，
防止其在晾晒过程中出现腐烂。

大事记

每个时代都有自己的方法

自咖啡诞生以来： 地面晾晒干式处理法。

1730 年左右： 荷兰人将湿式处理法引入爪哇岛。

1810 年左右： 去果肉机问世。

19 世纪末： 湿式处理法从牙买加开始传播。

19 世纪末至 20 世纪初： 湿式处理法取代干式处理法称霸世界。

20 世纪 50 年代： 哥伦比亚在可调节温度的不锈钢箱内进行发酵实验。

20 世纪 60 年代： Raoeng 牌机械去黏膜机问世，Aquapulpa 紧随其后。

20 世纪 70 年代： 在咖啡上进行外来酵母实验。

1990 年： 在巴西发明了半日晒处理法，在当地名叫"Cereja Descacado"。

21 世纪初： 新式天然晾晒法，也就是优质的干式处理法——蜜处理法——在巴拿马问世。

各 种 咖 啡 处 理 法

4~8 次手工采收已经成熟的白利糖度至少为 25° Bx 的咖啡果

在咖啡树上摘下几乎已经晾干或者过度成熟的咖啡果

∨ ∨ ∨

共同点
在采收后，将咖啡果装在镂空的箱子或袋子内，在 6 个小时内运至处理厂

∨

手工遴选和称重（检查成熟度、密度、缺陷、品质）

∨ ∨ ∨ ∨ ∨ ∨

1	2	3	4	5	5 bis
湿刨法	**蜜处理法**	**半日晒处理法**	**湿式处理法，水洗咖啡**	**干式处理法，天然晾晒咖啡**	**"摩卡"晚收法**

∨ ∨ ∨ ∨

去除果肉 / 水洗和浮选 / 水洗和浮选 / 浮选

在袋子和发酵槽等容器内短暂发酵

用机器去除果肉，设置为 1~3 次

用机器去除果肉，设置为 1~3 次

用机器去除果肉，设置为 1~3 次

或者：
在袋中发酵

或者：
机械去除黏膜
（半水洗处理法）

在发酵槽内发酵至晾干或厌氧发酵 12~36 小时

或者：在发酵槽内发酵至晾干或在冲洗后在水里发酵

或者：在水槽和运河里冲洗清洗

或者：去除黏膜并机械清洗

或者：储存在水里 4~48 小时

∨ ∨ ∨ ∨ ∨ ∨

短暂晾干，保留 40%~50% 的湿度

带着厚度不等的黏膜进行晾晒。在半水洗处理法中不存在黏膜。

羊皮纸咖啡豆晾晒

在晾晒床、庭院或地面（直接铺在地面上或者预先铺设篷布）上直接晾晒，获得18%~12% 的湿度，同时进行搅拌

∨

湿刨法

刨去羊皮纸
最后遴选：查验大小、密度、色泽、缺陷

∨

静置（Resting）湿度为 12%，为期 1~2 个月

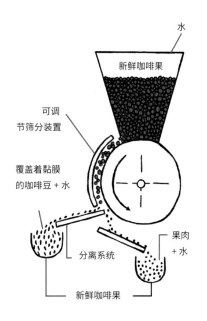

水

新鲜咖啡果

可调
节筛分装置

覆盖着黏膜
的咖啡豆 + 水

果肉
+ 水

分离系统

新鲜咖啡果

果肉筛除机

资料来源：J . C . Vincent 所著《咖啡》
（*Coffee*）一书，1987 年于伦敦出版

上页图
~
以迷你批量的方式去除咖啡果的果肉，
来进行家庭测试，
这就是家用去除果肉机的作用。

右页图
~
左：以干式处理法在隧道内晾晒咖啡果。
右：以湿式处理法在隧道内晾晒
羊皮纸咖啡豆。

量至上的地区尤其是这样。事实上，这种方式有助于减少晾晒所需的占地面积——在巴西大约为整个种植区域的 5%，即每吨水洗咖啡需要 80 平方米的面积进行晾晒。在其他地区，人们在夜间或下雨时在晾晒床上或庭院中用篷布遮盖咖啡。这里唯一的问题在于，篷布往往会产生某种冷凝作用，导致咖啡果变软，破坏其内部结构并加快咖啡豆衰老。无论采用的是何种晾晒方法，都必须持续翻动咖啡豆，让咖啡豆尽快变干，避免出现腐烂。这种翻动过程可以用手脚、钉耙或是机器（带钉耙的拖拉机）来完成。所以说，晾晒是最耗费空间、人力、时间和精力的步骤之一，在咖啡采摘后的处理以及咖啡经济中占据核心地位，近几年来引起了人们的重视。不同的晾晒强度、温度和湿度，凸显出细菌活动的各个阶段：细菌最喜爱潮湿的环境，在晾晒初期发挥作用，酵母在中期，真菌则在最后压轴。所以说，发酵活动同咖啡果或羊皮纸咖啡中的湿度呈反比。

从这一阶段开始，不同地区出现了许多差异。在哥伦比亚，人们把整颗咖啡果装进 25 千克的袋子里存放 8~48 小时，以形成"发红"（英文为"foxy"）的咖啡果，也就是几乎失去了所有果肉、只剩果皮粘在咖啡豆上面的咖啡果。咖啡果的脱色可以说明许多问题：携带果香的花青素、苯酚等进入咖啡豆；携带酒香的细菌在那里自由地繁殖。印度尼西亚的做法是连续两次晾晒，坏处是增加了其中的风险：第一次晾晒的湿度达到 50%，由咖啡农自行完成；第二次晾晒则由经销商完成，可以将湿度降到 20% 左右，而且彻底去除了羊皮纸。两次晾晒的结果就如同充满了发酵缺陷的大杂烩，凭借其饱满的口感和强劲的香气赢得了某些消费者的青睐。在室内的湿度中晾晒的印度咖啡也是如此——这种方法可以获得水洗咖啡，口感甘甜，但缺点也不少，让人又爱又恨（参见第 264 页）。在晾晒床上、开放式隧道的水泥地上晾晒已经变得很普遍，为精确起见，监控工具数量在不断增加，以便控制相对湿度、咖啡豆的湿度以及我们常说的"水活度"（Water Activity）。除了用来测量咖啡豆湿度的传统折光仪，我们今天还会观察晾晒时咖啡豆中水的分布和流动。一切都变得很精确……

最后的准备工作：从羊皮纸咖啡豆到咖啡生豆

经过十来天的晾晒，咖啡果（所谓的天然咖啡）被除去果肉，随后会带着羊皮纸静置大约两个月。只有在发送到客户前才会去除咖啡豆的羊皮纸，并进行抛光、最后的遴选以及筛选。对咖啡农和批发商来说，这是除去残留缺陷并最大程度上符合目标市场需求的最后机会。存放条件又一

聚焦

咖啡和葡萄酒

在西方及其他地区，总有习惯把咖啡同葡萄酒相比较，尤其是在采摘后的处理环节方面。可以说，两者之间确实存在共同点，但它们的差异也很大，可以洋洋洒洒写上一整本书（参见第169页《遗忘》一章）。光拿发酵来说吧，咖啡的发酵时间很短（12~48小时），葡萄的发酵却可能持续好几个星期。咖啡果会发酵成咖啡豆，葡萄发酵产生葡萄汁。此外，目前95%的葡萄酒是用外来酵母来酿造的，而咖啡则主要采用本地酵母。最后，某些人会把新鲜咖啡果的晾晒（干式处理法）同红白葡萄酒中常用的葡萄浸泡做比较，把咖啡的湿式处理法同白葡萄酒的酿制（无须浸泡）做比较。但人们忘记了重要的一点：葡萄的浸泡是在其本身的汁液里进行的，而不是通过晾晒进行的。

聚焦

空气

我要感谢克劳迪奥·科尔洛先生（参见第 246 页至第 247 页），他帮助我意识到了空气对种植园的重要性。他曾买下一块土地，上面的咖啡树似乎快被周围的植被给闷死了，某些咖啡果上面甚至还出现了霉点。大砍刀手起刀落，香蕉树应声倒下，渐渐地，我感到阵阵和风轻抚我的肌肤，眼见着种植园吐故纳新、重现生机。

树叶摇曳着，海风是如此近，吹进了种植园，一直抵达山顶。一种温馨和谐的永恒暖流出现，那就是生命的气息。

只有美国艺术家詹姆斯·特瑞尔让我体验到了同样的感受。在咖啡领域，空气在所有环节如影随形：从种植园（流通）到奉上咖啡（预泡），从发酵（嗜氧菌和厌氧菌）到烘焙（吹风和压力）。

次成为关键，尤其是在那些气候最为湿润的国家。一次糟糕的静置期就和糟糕的晾晒一样，可能会糟蹋掉之前的所有心血，使得咖啡豆提前衰老。

从采收到晾晒，咖啡果会经历十来道工序，失去原有重量的至少 80%。烘焙也是遵循这一逻辑进行的，因为烘焙会让咖啡生豆减少原有重量的 18%，并产生将近 1000 种新成分。

左页图
~

上：咖啡领域的发酵现象研究引起了人们的广泛关注。刚刚被除去果肉的咖啡豆样品在这里被用来分析微生物菌群。
（尼加拉瓜圣弗朗西斯科种植园）

下：咖啡的清洗。在水流的作用下，咖啡果自行裂开，咖啡豆从中蹦了出来。随后，咖啡豆、果皮和杂质将被分离开来。

下两页图
~

哥斯达黎加圣何塞种植园的晾晒桌。在某些气候条件下可以进行各种类型的加工处理。近处可以看到正在晾晒中的天然咖啡果（品质低劣的整颗咖啡果）。
右边第二行：用于低端市场的咖啡生豆晾晒桌上的咖啡果。
左：红色蜜处理法的晾晒桌。
右边第三行：蜜处理法，羊皮纸咖啡豆（湿式处理法）。
远处可以看见种植咖啡的山谷。

访谈

艾 曼 纽 · 瓦 卡 加 拉 · 宗 其 泽

艾曼纽·瓦卡加拉·宗其泽是东非咖啡种植业的领军人物，
在卢旺达和刚果地区更是大名鼎鼎。
多年来，他积极致力于公平贸易和有机农业，掌管着一家合作社，
生产出的优质咖啡受到广大咖啡爱好者的追捧。

在您看来，什么是采摘后加工处理的基本价值？

宗其泽：农作和精选采收是一切的开端。但为了回答你的问题，我的答案很简单，那就是严格和卫生。卫生对整个发酵过程至关重要。正如我们常做的那样，我们可以进行多次遴选，采收到最美的果子，但如果没有卫生，一切都无济于事。一颗遗忘在发酵槽里的腐烂果子就能感染整批果子。说到严格，我们需要它在精确的时间表内，来安排八大环节和 11 个不同手法组成的生产链。所以我们需要合格、严肃、认真的员工。

您采用的是具有本地区特色的二次发酵湿式处理法。其中哪些环节和传统的一次性发酵不一样？

宗其泽：从新鲜咖啡果发送开始，必须在采收后的 8 小时内处理，否则发酵就会自行开始。我不得不想办法鼓励合作社内的 2500 名种植

者及时发货。这需要严格的统筹管理，因为在采收旺季，所有批次的咖啡果都经过规划，每天发货来的种植者可达 800 名，有些人只送来几千克咖啡果。为此，我根据发货的时间制定了不同的收购价格。

收到咖啡果后会怎么样呢？

宗其泽：咖啡果送到后，我们在称重前用肉眼判断咖啡果的品质。就算采收时精挑细选，有时还是有必要要求咖啡农再遴选一次。咖啡果会被倒入水槽内进行浮选：那些浮起来的会被淘汰，没有浮起来的则会被铺放在一个桌子上进行遴选。我们只保留那些整个表面都呈红色的咖啡果：那些青色或者还未完全成熟的、枯萎或是有斑点的都会被淘汰并退回给咖啡农。支付给他的价格是根据这一品质原则而决定的。

东非拥有各种采摘处理法。二次干式发酵法是否需要多个环节？

宗其泽：是的，在称重以后，咖啡果会经过第一次机械加工：先筛选，然后去除果肉。去除果肉传统上是在果肉筛除机内进行的，这种机器上带有分离装置，能够去除咖啡果的果肉。该机器的设置和卫生必不可少，因为如果分离装置过紧就可能损伤咖啡豆，从而形成菌群。同一台机器每次去除果肉之后，我们都会对咖啡豆进行浮选：最重的咖啡豆会沉入水底，最轻的（发育不良会被虫蛀的）会浮在水面，还有一些悬浮在两者之间。对豆子进行预清洗和筛选后开始第一次发酵，即"干式处理"，也就是说此时发酵槽里没有水。每种密度的咖啡果都有专用的发酵槽。

这种发酵方式是如何进行和终止的？

宗其泽：经过一整夜的发酵，我们会在水槽里装满水，在水中搅动羊皮纸咖啡豆，让它们同杂质分离；然后把它们浸入清水中，冲走那些

之前遴选时未被发现的漂浮着的重量较轻的咖啡果。水槽里的水随后会被倒入下方的水槽，让残渣能够浮到表面。我们会捞起水槽表面的浮渣，通过水槽底部的挡板倒出水和最重的果子。咖啡果就这样被清洗干净并再次晾干。此时就可以开始第二次发酵了。

第二次发酵同第一次相比，有什么不同？

宗其泽：这一次发酵过程相当长，会在水中持续 24 个小时。经过总共 36 小时的发酵，咖啡果被去除了所有黏膜，变得完全光秃秃的，用手指碾压会嘎吱作响。

随后就开始清洗吗？

宗其泽：是的，咖啡果经过清洗会停止发酵，我们此时开始筛选。这两道工序在管道里进行。羊皮纸咖啡豆被倒入水流经过的管道里，工人们带着铲子沿着水流而上，搅拌

羊皮纸并形成漩涡。不同重量的羊皮纸会被分散到管道底部，而残渣就会下降。不同密度也就是不同重量的羊皮纸会被引入不同的浸洗槽内。浸洗一般持续 16~24 小时，但这并不是绝对的。万一出现堵塞，这个过程可以延长至 36 小时甚至 48 小时（极限）。浸洗能够彻底去除所有异物。这一步骤至关重要，能够防止咖啡果发黑，并让包裹咖啡豆的银皮变软，赋予咖啡豆一种珍贵的青色色泽。

这种浸洗会不会有发生第三次发酵的风险？会不会降低酸度呢？

宗其泽：不会。这是因为一方面，此时已经没有能发生降解的物质了；另一方面，咖啡豆处于缺氧的环境内。只要有优质的水源，最好是雨水，就不会有任何问题。不过，一旦离开水槽，就必须立即把水沥干并把咖啡豆晾干。

我们知道，人力成本直接影响到了咖啡的价格。这道工序里共有多少人参与？

宗其泽：我们总共进行的遴选次数不会少于 13 次，因为在每一个环节都必定会进行遴选。也就是说，我们自始至终都在遴选，特别是在晾晒阶段。这是获得零瑕疵高品质咖啡豆的关键。

我们要遴选、遴选再遴选，不能偷懒。在采收高峰季，我们每天都会雇临时工来完成这个工作，参与遴选的总人数不会少于 500 人！

大体上，如果是用于出口的咖啡豆，那么一名女工每天要遴选一整袋 69 千克的果子。也就是说，如果要每天装满一个集装箱，就需要 320 名女工。劳动力成本虽然很高，却能保障品质。

烘焙

焙炒咖啡豆

火是超生命的。火是内在的、普遍的，它闪耀在我们心中，闪耀在天空中。它从物质的深处升起，像爱情一样奋不顾身。它回到物质中，像恨意与复仇心一样隐藏起来。在世间一切现象中，唯有它能够真正收纳两种截然相反的价值：善与恶。它既把天堂照亮，又在地狱中燃烧。它既温柔，又会折磨人。它既能烹调食物，又能造成毁灭性的灾难。

——加斯东·巴什拉（Gaston Bachelard）《火的精神分析》（*La Psychanalyse du feu*），1949 年出版

烘焙是一种职业

火是一种需要重新驯化的元素

在咖啡工艺里，烘焙是一种点石成金的艺术，是烈火的考验、闪电的遗韵以及古希腊火神赫菲斯托斯的火山。咖啡制作有四大环节，分别是种植、发酵、烘焙和冲泡。烘焙作为第三个环节固然重要，却极其不起眼，而且比较难以拿捏。相比之下，精品咖啡却非常走红。如果说烘焙尚处于幕后，那是因为这一环节关乎的群体相当有限，而且烘焙涉及的因素较多，因此这些相关人士都是慎之又慎。此外，除了工业烘焙，在很长一段时间内，烘焙都被手工业者、文学家以及科学工作者所忽视，以至于烘焙的艺术仍然有待记录和归纳总结，但由于其中的变量、条件和法则都是相对的，极少有人真正去尝试记叙烘焙的工作——这毕竟是个经验活儿。尽管如此，20 年来，手工烘焙从工业烘焙中学习到了许多真传，并经历了前所未有的深化。其中的工艺和材质正在大力变革之中。我们又一次处于一段伟大历史的开端，只需耐心等待烘焙宝典出现，就能跨过烈火的阻碍，窥见庐山真面目。

章首图

~

银皮：这是包裹咖啡豆的最后一层果皮，在烘焙一爆时炸开。

这是一种高度易燃的残余物，被烘焙师用来给壁炉生火。

有些大厨已经开始在烹调时把咖啡豆的银皮当作原料。

烈火的考验

在创立"咖啡树"咖啡教室之前，我收获到的最好建议之一来自一位有名的烘焙师。我那天去拜访他，就如同人们去神庙拜谒智者。我请教了几个有关他那被我看得极神圣的职业的问题。他的回答很简单，一下子就打消了我的疑虑："烘焙并不十分复杂，只需做到眼到即可，但务必要很快做出反应。我们不是搞艺术的，所有人都可以做到。"当时我不明白

他为什么这样回答我，但我把这句话当作金科玉律，就这样入了行！现实让我尝到了个中滋味，很快让我改变了看法。我一头扎进学习、体验和培训中。这就是我所经历的烈火的考验，谨在此分享一些我的心得。

用柴火烹饪的艺术离我们越来越远。随着电磁炉和电暖器的使用，壁炉和烟囱变得形同虚设。但火始终处于人类家庭和社会的核心。只需晚上在印度乡间走一遭，就能感受到什么是火——火意味着享受火带来的光明，从火的热度中取暖，跟随它的节奏、它的不持久。火发出"噼噼啪啪"的爆裂声，火光舞动，散发出贴心的温暖，但同时带来的还有火灾和烧伤的隐患。我们经常在周日品尝烧烤，男士们自豪地在女宾们仰慕的目光中准备烤肉。一切并没有消失。

自从咖啡被发现，火在埃塞俄比亚仪式中的地位就从未动摇过。在当地的"Bunna Bet"，也就是"咖啡之家"里，女主人会在您面前烘焙咖啡，然后再郑重其事地端上来。她会在自己的家里接待您，并在那里焙烧您即将喝到的咖啡。在一些同我们的生活习惯相近的国度里，在家中烘焙咖啡的习俗尚未消失：在当地超市的货柜上，可以找到用来烘焙的咖啡豆。此外，家中烘焙就同烧烤和铁板烧一样，在工业化国家的城市里重新赢得了人们的青睐。咖啡烘焙馆的复苏同这种原材料的"回归"也不无关系，在生活中的各方面均是如此。

什么是烘焙？

烘焙就是把咖啡生豆烤熟。为了把咖啡的温度从室温一直加热到200摄氏度以上——有时候还会超过230摄氏度，烘焙师会根据自己的感觉、经验和心得使用烘焙机及其他测量工具。烘焙是一种复杂的化学现象，结合了多种传递（热传递、水传递和密度传递）和压力差。在加热时，湿度为10%~12%的咖啡豆中的水分蒸发，水分从咖啡豆核心向外传送。此外，这种加热会从外界向咖啡豆内部形成一股热能量流。所以烘焙的特点就在于两种相对的流动——如果算上从豆子内部向外进行的气体交换，那就是三种。而这些流动通过一种密实的材质进行，那就是咖啡豆。在流动过程中，豆子的结构，尤其是细胞壁会延缓这些流动的进行。在从液体变为蒸汽的过程中，水压不断上升，直至冲破细胞壁，从而彻底释放出咖啡豆中的油脂。

所以说，咖啡豆在烘焙过程中会发生剧烈的重大转变：其色泽会完全改变，从绿色变为褐色，重量减少18%，体积胀大一倍，密度减少，孔隙变多，吸热和放热反应交替发生。咖啡豆内部可说是经历了一场大爆

下两页图
~
烘焙后正在冷却的咖啡豆。
通过豆子的色泽、形状和均匀的个头
可以看出是好咖啡。
机器叶片时不时翻动咖啡豆透气，
风扇同时吹出冷风。
拿捏好冷却时间对品质，
尤其是苦咖啡的品质至关重要。
（本书作者的"咖啡树"咖啡教室）

炸。最后值得一提的是，烘焙的速度很快，手工烘焙需要 15 分钟左右，而工业烘焙只需 1 分 30 秒，鉴于后者比较特殊，本书在此不做介绍。

烘焙的几大法则

以下是烘焙的几大法则：

- 烘焙过程不能过长（超过 20 分钟），也不能过短（少于 8 分钟）；

- 咖啡豆温度曲线呈 S 形；

- 咖啡豆的温度永远不能下降；

- 在烘焙过程中，咖啡豆温度的升幅必须在缩小；

- 烘焙的关键步骤在于从一爆（英文为"first crack"，我们将在下文详细介绍）到烘焙结束之间的"发展时间"（英文为"development time"）必须占烘焙总时长的 20%~25%；

烘焙机的类型

[资料来源：斯科特·拉奥所著《咖啡烘焙：烘豆基础手册》（*The Coffee Roaster's Companion*）一书，2014 年出版]

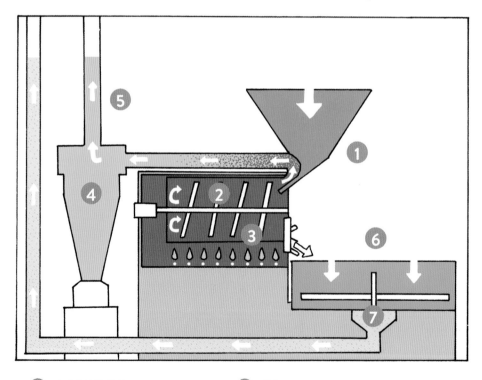

1 咖啡生豆接收槽　　　　3 燃烧器

2 滚筒　　　　　　　　　4 气旋分离器

– 最后，烘焙结束后必须尽快完成冷却（少于 4 分钟）。

可以从烘焙曲线（参见第 288 页示意图）上看到，在焙烧咖啡豆时，咖啡豆会经历几个阶段。这是烘焙师的惯有看法，因为这些阶段对应着咖啡豆一连串的重要变化。烘焙师参与所有环节，尤其要调控烘焙机内的温度、火候、压力。

现在让我们看看都是哪些环节。

热冲击：把咖啡生豆投入加热至 160~220 摄氏度的烘焙机滚筒内。咖啡豆会受到 150~200 摄氏度的热冲击。处于室温（20 摄氏度左右）的咖啡豆会在几分钟内将烘焙机内部的温度下降到最低点（转折点，"turning point"），大约为 80~90 摄氏度。也就是说，咖啡豆会让滚筒的温度下降。

干燥：从这个最低点开始，热传递发生逆转，真正意义上的焙烧开始。咖啡豆开始储存热量，豆子内部所含的水分被慢慢加热，很快开始逐渐蒸发。当水分移动到咖啡豆表面，其绿色的色泽开始变深，散发出刚收

在焙烧时，
咖啡豆会经历多个阶段。

❧❧❧

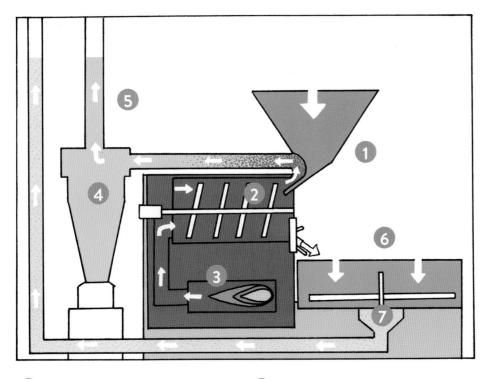

⑤ 热风管

⑥ 冷却器

⑦ 冷却管

割的青草的香气；环境湿度上升，随着内部压力的增强，咖啡豆开始胀大。咖啡豆的干燥过程很重要，至少会持续到一爆。

温度上升：咖啡豆的干燥和焙烧继续进行，在许多产品上常见的美拉德反应的作用下，第一批化合物开始形成。咖啡豆的色泽发生变化，从稻黄色变成略带橙色的奶油色，并且开始膨胀。各种层次的香气——如面包、酵母、稻草、啤酒、鹅肝酱的香气——以及二氧化碳等气体也逐渐形成并朝外发散出来。

焦化：大约从 170 摄氏度开始，就会开始焦化。糖被降解，咖啡豆变成褐色并出现大理石般的花纹，产生二氧化碳，内部压力上升，最后散发出烧烤、焦糖以及干果的香气。

香气峰值：在 180 摄氏度和 200 摄氏度之间，出现香气峰值。此时的咖啡豆为褐色，带着脉络条纹，银皮开始脱离，一爆就此开始。

一爆：在 205 摄氏度左右突然发生。咖啡豆现在已经失去了所有水分，会突然释放出一部分二氧化碳。它们会逐一"爆裂"，就像爆米花或者是遗忘在火炭上的栗子一样。其体积会翻倍，银皮会彻底裂开，中央线变宽。

发展时间：烘焙师的关键环节至此开始，那就是发展时间。在不到 3 分钟的时间内，咖啡豆的褐色会越来越深，开始鼓起，从中间开始胀开，内部所含的油脂浮到表面。酸度、香气、醇厚度以及苦味依次形成。烘焙师必须自行决定在什么时候将咖啡豆从滚筒中倒出以终止焙烧。他可以选择在一爆期间、一爆结束当下或是几分钟以后停止烘焙。

二爆：在 225 摄氏度左右在细胞层面发生。咖啡豆在此时已经完全干燥，但仍然含有许多油脂，由于油脂在变热，其内部压力继续上升，最终导致焙烧中受损的细胞壁爆裂。所有的油脂被释放出来，烤焦咖啡豆表面——烘焙和烤焦乃至碳化过程中的主导香气（香草、咖啡）即由此而来。精品咖啡烘焙师永远不会让烘焙进行到该阶段。

冷却：咖啡豆最终从滚筒中倒出并在一个流通冷气的接收槽内迅速冷却（3~5 分钟）。当里面的咖啡豆达到一定量时，我们会在豆子上洒上一些水，就像许多餐馆会把蔬菜冰镇以保持蔬菜的清脆和色泽一样。

烘焙是一次性的，却具有多种特性

每颗咖啡豆的焙烧方式都不同，这就是所谓的"烘焙特性"。为了了解其功用，我们可以参考由 33 种成分组成的基督教圣油的制作方法：在同样的温度下浸泡这些化合物，会闻到一种令人作呕的混合气味。而如果

一名优秀的烘焙师
有手艺，有品位，有见地。

◆◆◆

遵循每一种成分的浸泡温度和时间,随后再把它们混合起来,就能获得万油之尊——圣油。烘焙师的工作就和烤肉师傅一样,为每一种咖啡找到最理想的焙烧方式。一位优秀的烘焙师有手艺有品位有见地,能够把设备功用发挥得淋漓尽致。因此,他可以精选一种原料继而随心幻化。

为了建构起自己的烘焙曲线,烘焙师需要玩转以下多个因素:

- 烘焙的容积或重量同滚筒容量之比;

- 烘焙开始和结束时的温度;

- 加热强度,也就是升温;

- 滚筒压力和气流;

- 滚筒旋转速度;

- 烘焙总时长;

- 每道工序的时长;

- 加热类型或是各种加热类型之间的平衡:传导、对流、辐射。

对于那些想要进一步了解的读者,表 11-1 简要解释了上述各个因素的一些注意事项。

一如采收后处理（参见第 249 页《加工》一章）和冲泡（参见第 43 页《调配》一章）一样,烘焙是多种因素综合的结果。

第285页图

~

正在烘焙中。

咖啡豆会在烘焙过程中变轻,

失去大约 20% 的重量,体积翻倍。

表 11-1 玩转各种烘焙参数的几点注意事项

参数	效果	观察到的参数增加所带来的影响	观察到的参数减少所带来的影响
一炉咖啡豆的重量同烘焙机滚筒大小之比	烘焙时间发生变化:加入的咖啡豆越多,烘焙时间就越长	滚筒里装的咖啡豆如果过多,就会延缓烘焙过程。烘焙师会因此提高加热幅度,导致咖啡豆有被烤焦的风险	滚筒里装的咖啡豆如果较少,就会增加滚筒里的闲置空间,从而提高烘焙的精确度
气流和压力	热传导通过咖啡豆在烘焙机里进行	如果进入烘焙机内的空气温度比咖啡豆高,就会加快烘焙速度;如果空气温度较低,就会延缓烘焙速度	气压减少会降低酸度并发展出皮革等第三类香气。 在滚筒压力和气流之间的平衡有助于优化咖啡的甜度
滚筒转速	取决于咖啡豆的密度:咖啡的密度越小,所需的转速就越小;密度越大,转速也越大	延长焙烧时间,增加咖啡豆内部焙烧程度,减少外部焙烧程度	效果相反
加热类型	传导、对流、辐射	对流会增加咖啡饮料的酸味。传导会提高甜度	对流一旦超过一定限度,就会生成酸味和苦味;如果传导超过一定限度,咖啡就会变淡
烘焙时长和速度	酸度平衡。需要调节升温斜率(rate of rise)	烘焙过快可能会产生酸味和单宁味	烘焙过慢会毁掉咖啡的平衡

创造咖啡的那些人……

欧麦尔、夏第里和爱德鲁斯

　　各位烘焙师大可放心，这一行也有写就传奇的祖师爷。各地虚虚实实流传的传说有很多，但都是以摩卡港和也门为故事发生的背景。虽然这些传奇人物的名字各有不同，但是关于他们的故事有很多共同点。有个传说讲，有一个名叫哈吉·欧麦尔的年轻教徒，想要吃下几颗新鲜的果子。由于味道很苦，他就把果子放在炭火上，烧过以后再尝，味道就很可口。他对自己的苏菲派导师夏第里讲述了自己的经历，后者便采用了他的方法。另外一个传说同第一个很相近，但在故事里加入了著名的哈勒迪（参见第 65 页《哈勒迪》）。最后还有个传说，说的是夏第里和爱德鲁斯这两个年轻的牧羊人，无意中把咖啡果放在火上烤，不知不觉就睡着了。醒来后，他们发现咖啡果已经钙化，咖啡豆被烘焙成熟——咖啡烘焙就此诞生。

下图
~
在烘焙中会用到所有感官。
在这里，嗅觉用来感受烘焙的不同阶段，
闻香识咖啡。

烘 焙 曲 线

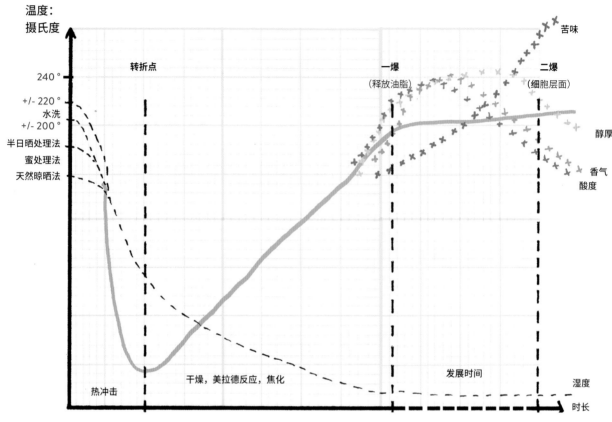

温度：
摄氏度

240°

+/- 220°
水洗
+/- 200°
半日晒处理法
蜜处理法
天然晾晒法

转折点

一爆
（释放油脂）

二爆
（细胞层面）

苦味

醇厚

香气
酸度

干燥，美拉德反应，焦化

发展时间

湿度

热冲击

时长

色泽　蓝绿色、深绿色、金黄色、棕黄色、淡褐色、褐色、深褐色、黑色

香气　豌豆、甜椒、新割的青草、面包、酵母、烧烤、焦糖、果香、花香、焦糖、炭烧、橡胶

烘焙名

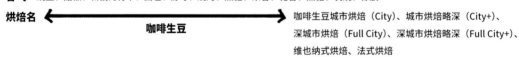

咖啡生豆

咖啡生豆城市烘焙（City）、城市烘焙略深（City+）、
深城市烘焙（Full City）、深城市烘焙略深（Full City+）、
维也纳式烘焙、法式烘焙

上页图

~

一炉咖啡豆被倒出后，会在桶内存放一段时间。
之后存在着两种做法：有人会把咖啡豆装在袋中冷却，
让气体释放出来，随后马上包装；
另一种做法是，把咖啡豆存放 24 小时，
在充分释放气体后再包装。

创造咖啡的那些人……

意利家族

一提到意利这个名字，我们立刻会想到著名的意式浓缩咖啡工业品牌。除了充满活力的营销手段、限量版咖啡饮料以及独此一家的咖啡机，意利更是改变了浓缩咖啡的历史。其创立者弗朗西斯科·意利原籍匈牙利，在一战结束后来到了意大利的里雅斯特。他是一名别出心裁的发明家，也是个成功的商人。他研制出浓缩咖啡机的始祖"Illeta"及气压瓶。他的儿子埃内斯托是咖啡界的元勋。身为化学家的埃内斯托发扬了自己一丝不苟的工作态度和渊博的科学知识，试图深层了解浓缩咖啡乃至烘焙工艺的原理。在这之前，这方面的知识始终不为人知，抑或是掌握在几个农工业大集团和研究实验室手里秘而不宣。多亏有了埃内斯托、他的实验、著作及其讲座，其中的奥秘才终于揭晓。所有的咖啡爱好者，即便是那些还未找到适合自己的咖啡的人，都会反复拜读埃内斯托的著作，借此了解咖啡原来可以是一门多么严肃的学问。

我们烘焙的是什么？

烘焙机是必不可少的工具

近 20 年来，手工烘焙展现出前所未有的活力。如果用 10 世纪时的编年史作者、僧侣"秃头劳尔"的话来说，那就是"整个世界都布满了黑烟"——小型烘焙机散发出的黑烟。事实上，小型烘焙在全球遍地开花，同大约 15 年前看来似乎难以避免的颓势大唱反调。这要归功于对烘焙的科学认识得到了传播，气压表、比色计、导控仪等监控工具得到了普及。精品咖啡领域所特有的合作交流也在其中贡献了自己的一份力量。即使是那些 20 世纪 60 年代老式烘焙机的铁杆粉丝也无法对最新的电脑和电子技术视而不见。20 世纪初以来，甚至可以说是自 19 世纪中期以来，烘焙机的主要原理并没有发生太大的变化——始终是在滚筒里倒入咖啡生豆，然后由一个炉子对着滚筒加热（参见第 280 页至第 281 页示意图）。咖啡生豆在滚筒内以三种热传递方式焙烧：传导（同在火苗直接加热下的不锈钢滚筒接触）、对流（内部被加热的空气）和辐射（咖啡豆自己发出的热）。烘焙机可采用三种能源：气体（丁烷或丙烷），因其使用起来精

确度高、灵活度强，所以受到广大专业人士的偏爱；木材，目前已较为罕见；以及小型烘焙机常用的电能源（参见第 20 页《电的味道》）。与其说随着时间的推移，不锈钢的品质得到了改善，还不如说其实是能源和烘焙机热传递的管理得到了诸多改进。早期的烘焙机利用的是热传导，用火苗直接焙烧滚筒里的咖啡豆——这有点像用焊枪烧菜，尽管火候十足，但效果欠佳。通过滚筒壁非直接加热咖啡豆，热传导照样进行，只不过变成间接的——这就好比厨房烹饪中的铁板烧，可以迅速煎炸肉块，产生甘甜味，但不会烧熟。最后，如果我们不对着滚筒而是对着空气加热，那么就好比使用一个对流炉，使焙烧较为均匀、不太强烈。

所以说，喷火头的位置、尺寸和类型至关重要。在过去，喷火头位于滚筒下方，火苗直接灼烧滚筒，造成的结果是加热极其不均匀。所以后来喷火头开始远离滚筒，火苗不再同滚筒直接接触，但在某些区域仍然会产生过分加热的现象。后来，遍布整个滚筒的成排加热喷火头取代了单个喷火头，有一排或多排喷火头，可以把它们靠近或远离滚筒（参见第 280 页至第 281 页示意图）。

为了促进对流，喷火头被安置在远离滚筒的位置，一般是在滚筒旁边，但是在一个独立空间里，为的是均匀加热空气，而不只是滚筒。

最后，滚筒内部的搅拌叶片也获得了重大改进。这些叶片会不断搅拌咖啡豆，以确保焙烧均匀。同样，空气—气体交换产生的火苗质量如今也引起了广大烘焙机制造商的关注。众所周知，蓝色火苗（缺少氧气）和黄色火苗（充满氧气）的加热效果存在差距。今天，所有这些技术问题都摆在烘焙师面前，有待他自行选择，而烘焙师往往会把加热类型和器材品质同工序相结合。

我们烘焙的是咖啡生豆

如果原料不佳或是不明确，那么烘焙师的器材和工艺就一文不值。人们往往会忘记，我们烘焙的是咖啡生豆，这才是一切的开始。来自不同风土、经过不同采收加工方法的不同品种的咖啡豆拥有的特性大不相同，烘焙时的反应也千差万别：埃塞俄比亚咖啡豆耐受不住长时间的焙烧，而印度尼西亚的咖啡豆的发展时间较长，则可以释放出所有的优点。为了了解如何烘焙这些咖啡豆，请参阅第 298 页表 11-3，了解这些咖啡豆的特性并分析它们的特点。

通过权衡各种因素并结合自己的个人经验和品牌文化，烘焙师可以推断出能够充分发挥咖啡豆特性的烘焙方式，无论是危地马拉的安提瓜

表 11-2 从生豆到烘焙豆："生"趣盎然，"熟"能生巧

需要考量的因素	推断出的信息	对烘焙做出的推断
咖啡豆色泽： 从蓝绿色至稻黄色	咖啡豆的新鲜度和发酵类型	加热起初和最后的曲线
湿度（介于10%~12%之间）	咖啡豆中残余的水分	加热起初的曲线，也就是热冲击
咖啡豆的形态	首先被加热的表面同全部需要加热的物质之比。咖啡豆越是朝着自己合拢，相对表面面积就越大	加热初始和一爆时的曲线。一颗合拢的小咖啡豆（即公豆，"caracoli"和"peaberry"[1]）在外界焙烧时比开口的豆子更容易。而尖身波旁咖啡豆的两端可能会烧焦
密度（重量和体积之比）	较轻的咖啡豆焙烧起来相对较快，内部压力也相对较高	加热火候
批次咖啡豆的均匀度（筛子、品质等）	如果该批次咖啡豆大小品质不均，在烘焙时就需高度注意，以免烧焦那些较小或密度较低的豆子；如果该批次极其均匀，焙烧起来就会高度精确	加热火候，确定焙烧重点区域
采收后处理	每种发酵方法对于咖啡豆的内部构造也就是孔隙度的影响都不同	起始加热和升温斜率。干式发酵法的加热火候要比湿式发酵法来得温和
特性	每颗咖啡豆都不相同。有些豆子是开口的，有些是闭口的，有些很细幼，有些很粗壮。这同豆子形态分析息息相关，但更多在于豆子的品质如何	总体曲线
品种	每个咖啡品种的潜质都不同。铁皮卡种咖啡豆花香较浓，气味比科纳种清淡。需要对每种咖啡豆的优点进行评估	烘焙曲线和阶段
孔隙度	咖啡豆孔隙越多，焙烧就越快；反之就越慢	如果孔隙度较大，起始温度就会来得低
大小、筛选密度比较	咖啡豆越小，核心焙烧就越快；反之就越慢	咖啡豆越小，加热速度就越慢

还是卢旺达的红色波旁种咖啡豆均能处理得宜。从烘焙开始的混合配豆（blending）的艺术，首先就是采用可以在一起焙烧的咖啡豆，创造出某种和谐一致的组合。

烘焙的是感官享受

烘焙是一种基于感官的极其感性的手工技艺。我们之前已经看到，烘焙师甚至会在焙烧之前就通过各种感官来接触咖啡生豆。他必须要去闻、去触碰并且去品尝自己将要烘焙的这些咖啡豆，由此结合起许多宝贵信息：从原料的香气到纯净度，不一而足。在烘焙过程中，他会借助自己掌握的软件和仪器，最终依靠自己敏锐的感觉来做出决断。他会去聆听咖啡豆对热的反应，尤其是一爆时的情况。油脂上升时有时会发出很大声响，有时却悄无声息。烘焙师闻着咖啡豆，试图了解咖啡豆正处于哪些发展阶段，并分析这种咖啡豆整体的香气层次。因此，许多刺激感官的步骤依次发生：当内部湿度上升至表面并蒸发出香气时，这是咖啡豆植物香气最浓的阶段，可以闻到豌豆、四季豆、甜椒、黄瓜、龙蒿以及割下的青草的气息，接下来是稻草的香味，还有烘焙的香气，如松甜面包、面包、酵

创造咖啡的那些人……

斯科特·拉奥

　　斯科特·拉奥在咖啡界任顾问已有 20 多年，他是精品咖啡领域最知名的作家。他的著作《专业咖啡师手册》（*The Professional Barista's Handbook*，2008 年出版）是面向专业人士的咖啡宝典之一，汇总了他多年来的经验、在论坛上的交流以及少为人知的科学论文。继这本书大获成功以后，他在 2014 年出版了专门讲述烘焙的《咖啡烘焙：烘豆基础手册》（*Coffee Roaster's Companion*）一书。在书中，他传授了自己在烘焙方面的第一手心得（他在各种烘焙机上共进行了 2 万多次烘焙），并提到了一次革命，那就是咖啡浓度计的发明。

　　该仪器测量的是咖啡中固体物质含量（占 14%~25%），有助于精确地推断出烘焙过程中咖啡豆的发展程度：是不足、过度还是恰到好处？

　　换句话说，我们是否充分发挥出咖啡豆愉悦感官的潜质？从那时起，我们可以改变并掌控烘焙的方法，以实现咖啡豆的涅槃。为此，斯科特·拉奥先生言传身教，为咖啡著书立说。

　　母。咖啡豆此时处于半生不熟的阶段，正从深层发生转化。在一爆之前，焦糖的香气散发出来。这一时刻稍纵即逝，所有生的熟的咖啡豆的香气都在此时发散。接下来是花香，然后是果香，最后是巧克力香。接着，我们会闻到烘焙时较重的气味，如炭和橡胶等。品尝也很重要，并且需要技巧，尤其是在接近 200 摄氏度的时候抓取咖啡豆并咬在嘴里，想要不被烫伤确实是个技术活。这道步骤尤其能够帮助我们了解咖啡豆里发展出的风味，还有其内部构造的改变——从坚硬到柔软，最后变得松脆（参见第 288 页示意图）。

　　视觉是最常使用的监控方法，因为烘焙师是凭肉眼来决定是否要终止烘焙并把咖啡豆从烘焙机中取出的。在这一过程中，他会观察咖啡豆发展的各个阶段和节奏（参见第 290 页至第 291 页插图），从中筛选出对日后有用的信息。在一爆以后，如果咖啡豆出现了某种颜色，那么烘焙师会决定是否把它们取出。为此，他会借助标本样品和最自然的光线。咖啡豆一旦开始冷却，就迎来了烘焙师最喜爱的时刻之一，但出于安全考虑往往被禁止：把手伸入刚刚从机器里取出的咖啡豆。去触摸、抓起一把咖啡

左页图

~

触摸是感受原料的最好方法，
它既是一道工序，还能带来强烈的愉悦感。

豆，把它们放在鼻子前闻，放进嘴里品尝，去感受它们。在不被烫伤的前提下，借此控制咖啡豆的孔隙度、油脂以及烘焙后的新密度。

烘焙的味道

色泽不能说明一切。

~~~

味道和色泽

我们烘焙咖啡豆，是为了让它散发出全部的香气。咖啡烘焙就和炒松子和炒榛子一样，能够让内部的油脂渗出到表面，从而形成挥发物或非挥发物。在烘焙过程中，咖啡豆内部会形成近 700 种挥发物，如果算上非挥发物，总数可达 1000 多种。但是据估算，咖啡豆中香气最强烈的标记物仅为 25 种，在 1 千克中只占 1 克。也就是说，力度未必取决于数量。如果说，烘焙能够赋予咖啡豆以风味，那么在很长一段时间内，人们把"咖啡的味道"和"烘焙的味道"给混淆了。烘焙只能是一种方法而不是目的。正因如此，烧焦的香气必须被视作缺点。

烘焙具有文化性，会随着地点和时代发生变化（参见第 11 页《品味》一章）。可能是出于这个原因，焙烧的不同阶段是以国家或城市名来命名的，于是就有了"北欧烘焙""法式烘焙""意式烘焙""维也纳式烘焙"。法式烘焙主要采用类比法，传统手工烘焙追求方济会教士的"僧袍"色，也就是城市烘焙略深的色泽。这些烘焙法的命名参考了咖啡豆最终的色泽，也就是烘焙豆发展以及在咖啡杯中所表现的主要指数之一。我们借助仪器、比色计进行测量，从 1 到 100 打分。但是注意了，色泽不能说明一切。两种不同性质的烘焙最终可能获得同样的色泽，口味却大不相同。所以要参考咖啡豆的色泽和咖啡粉的色泽。在第 301 页的表 11-4 中，您可以找到一些通过色泽选择咖啡的线索。

有些人曾产生为每种咖啡建立一种烘焙"法则"的念头，这是一项巨大的尝试。但每一种法则都同原料、实际条件和烘焙师息息相关。烘焙师每天都重复着同样的标准，那就是遵循这些法则，进行测量，品尝咖啡，以了解每一个因素的影响，然后重新烘焙，每次只改变一个参数，等等。

烘焙因人类、火焰和原料之间的关系而诞生，所以它只是一种途径，而不是绝对的真理。

右页图

~

咖啡豆经过烘焙和冷却后，经闸板从冷却槽取出。在包装前存放在桶内或槽内，或是和同批次咖啡混合在一起，或是同其他咖啡豆混合配豆。

聚焦

烘焙相当于一次宇宙大爆炸吗？

在转变最大的化合物中，水、气体和油脂对于咖啡杯中物的品质起到了重要的作用。下表介绍了阿拉比卡种咖啡生豆和烘焙豆的通常组成［资料来源：《茶与咖啡贸易杂志》（*Tea and Coffe Trade Journal*）第 68 期第 34 页至第 37 页］。

表 11-3　咖啡豆和烘焙豆中各成分的比例　　　　　　　　　　　　　　单位：%

成分	咖啡生豆	烘焙豆
纤维素	31	32
淀粉和果胶	13	15
碳水化合物	9	10
水	12	2
挥发酸	7	7
咖啡因	1	1
蛋白质	12	13
灰烬	0	4
油脂	11	13
葫芦巴碱	1	1
二氧化碳	0	2

右页图
~
上：即将倒入烘焙机滚筒内的咖啡生豆。
左下：检查刚经过烘焙的咖啡色泽（咖啡豆和咖啡粉）
确实符合比照物（试管）。
右下：烘焙产生的所有色泽。

聚焦

烘焙的不只是咖啡

烘焙师，也就是英文里的"roaster"，往往被局限于咖啡这一种产品。可事实上，其他许多种类的种子和豆子也可以用来烘焙，但需要专门的烘焙机和烘焙师。我们同种子乃至生命的关系也是如此。可可豆、阿甘籽[1]、香草籽、松子、五谷杂粮或是榛子等坚果的内部深层都蕴藏着发芽生长的全部能量。在大自然中，这种不可思议的能量被水和热释放出来。在热的作用下，出现压力差和干化，让种子细胞破裂，从而释放出内部的宝贵成分。火则赋予种子以香气和焦糖味。正因如此，烘焙能够让芳香分子的数量至少翻一倍。烘焙方式取决于种子的大小、湿度、密度及其用途。

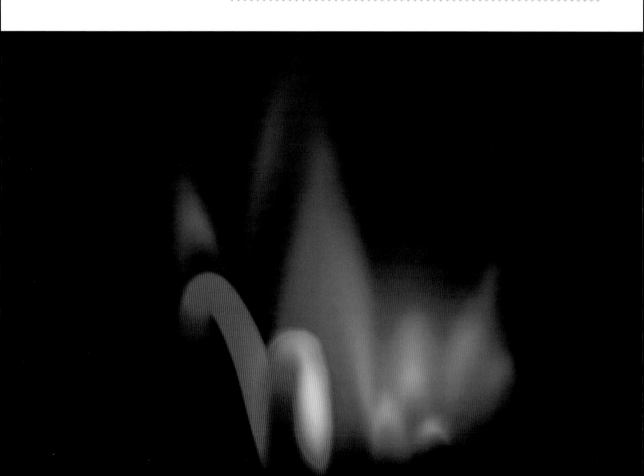

表 11-4　色泽解读的不确定：烘焙的每一种色泽都有自己的特性

常见色泽和名称	咖啡豆描述	烘焙结束的时间	主导特点	优势	不足
青绿色/肉桂烘焙（Cinnamon）	咖啡豆发育不良，极其不规则，脉络较多，中央线未开启，存留有银皮	一爆期间	酸、绿色、植物香气，醇厚度不够，花香	重量损失较少，新鲜	酸味占主导，绿色香气
浅色/城市烘焙	同上。但咖啡豆发育程度较高，残余银皮相对较少	一爆取出时	酸，醇厚度轻，但口味甘甜，散发着花香和果香	重量损失比较好，新鲜，芳香	酸度，缺乏烘焙香气
城市烘焙略深	咖啡豆发育较好，中央线开口较大，缺乏银皮，留有少许脉络	一爆之后不久	酸，醇厚度轻，但带有焦糖味和甘甜香调	重量损失有限，芳香，新鲜	不适合浓缩咖啡
僧袍色/深城市烘焙	咖啡豆发育较好，表面光滑，缺乏银皮，色泽均匀	介于一爆和二爆之间	均衡，香气全面，醇厚度一等	均衡，面面俱到，适合浓缩咖啡	重量损失较大
深色/深城市烘焙略深	同上。咖啡豆带有珠光，色泽较深	二爆之前	烘焙香气明显，更为甘甜，醇厚度较高	完全适合浓缩咖啡	重量损失较大，损失某些香气和酸度
油状，焦烤，非常深/法式和意式烘焙（French and Italian Roast）	黑色油性咖啡豆	在二爆期间或之后	以烘焙香气为主导，甚至只有烘焙香气，醇厚度较重	入口时醇厚甘甜，令人愉悦	过苦，以烘焙味和焦味为主导

左页图

~

火苗。

喷火口是烘焙质量的基本要素。

设置空气—气体交换、火苗的大小和火候都是品质的关键。

访谈

威 廉 · 布 特

威廉·布特是全球精品咖啡领域的代表人物。

他的父辈过去在荷兰也曾积极倡导提高咖啡品质改良。

他起初同哥哥一起从事家庭烘焙事业，之后投身咖啡品质咨询工作。

今天，他在美国加利福尼亚开设的"布特咖啡"（Boot Coffee）咨询培训机构，

针对从咖啡种植园到咖啡师这一职业，为广大咖啡爱好者提供宝贵资讯。

他的培训网站 www.bootcoffee.com 也是业界最受关注的网站之一。

他还参与了许多期刊的出版工作。自从发现瑰夏咖啡以来，他在巴拿马买下了两座种植园，其中包括骡子庄园。

我们同他积极合作——"咖啡树"咖啡教室在欧洲推行布特的咖啡培训课程。

对您来说，烘焙咖啡意味着什么？

布特：烘焙让我想起起我的父亲在他位于荷兰的精品咖啡小店里传授给我的一切。我还记得他一边手指着他设计的名叫"金咖啡箱"（The Golden Coffee Box）的铜制烘焙炉，一边朝我大吼道："看好烘焙炉，快去！"——"金咖啡箱"成了他的咖啡品牌名。"你的样品色在哪里？"他常常对我唠叨说。那时还有点紧张的我，就会观察正在烘焙的咖啡豆的色泽：豆子是否快烧好了？还是已经烧好了？我是不是烘焙过头了？我会闻着还发烫的咖啡豆散发出来的花香，那些豆子微微发着光，有点儿发胀。

我们为什么要烘焙咖啡豆？

布特：咖啡豆的化学组成独一无二，成分超过 1000 种，在烘焙过程中可能会发生变化。过去 150 年以来，广大咖啡爱好者和科学工作者们研制出各种烘焙方法，发展出不同的香气，以适应当前的萃取方法。20 世纪 20 年代以来，烘焙技术并没有发生太大的变化。在我看来，烘焙就意味着在不烤焦豆子的前提下，发展出咖啡的天然甜度，这对于完美的品鉴体验至关重要。

一名优秀的烘焙师是怎样的？

布特：烘焙师必须是一名专业的品鉴师，了解某种烘焙类型对咖啡风味的影响。此外，他必须懂得解读——借助他的嗅觉、视觉和听觉，来解读烘焙前和烘焙期间咖啡生豆的表现，从而提炼出最适合该款咖啡的特点。

在烘焙的第一阶段，咖啡豆会经历许多感官环节，其计时能够为烘焙品质带来关键的指数。烘焙机必须能够促进烘焙师和咖啡豆之间的互动。尖端技术和测量仪器很有用，但不能够打包票。烘焙机必须由优质材质制成，确保导热均匀。通过喷火口和风扇控制咖啡豆温度是最好的方法。

冷却槽能够加快这一过程迅速完成。最后，烘焙机务必要配备必需的保护措施，以保障烘焙师的人身安全。

H

在过去的 20 年里，咖啡烘焙经历了哪些变化？

布特：2002 年，我开始为《烘焙杂志》（*Roast Magazine*）撰写文章，当时就对美国西海岸格外盛行的深度烘焙公开提出了质疑。我的论据是，深度烘焙不仅从经济角度来看十分愚蠢（把珍贵的咖啡豆都烤焦了），而且也是对咖啡农的不尊重。咖啡豆需要 9 个月才能成熟，而在短短的 15 分钟内，所有努力就因为一次过度烘焙而付之东流！在过去 10 年内，小型烘焙师也开始抓住了这一商机，专业烘焙和经销单一产区咖啡豆，同时采用浅度烘焙，让咖啡的天然香气散发出来。

工业烘焙的许多工具近年来被用在手工烘焙中。这是否在一定程度上改变了烘焙师的工作方法？

布特：在我看来，有一半的烘焙师不会定期品尝自己烘焙出的咖啡豆，以至于他们在做出决策时并没有考虑到自己采用的烘焙类型。而且由于烘焙师们都不懂得创新，这些陋习就陈陈相因，流传了下来。烘焙界缺少一种科学方法以解读烘焙时咖啡豆内部化学变化。为什么这么多公司还在使用 80 年前的工具？好在 ColorTrack®、Cropster®、RoastLog® 研发出的技术极具发展前景。不要忘了，这些工具主要是用来测量的，并不能帮助烘焙师真正解读咖啡豆内部发生的化学变化。最后我认为，必须研发出一些能够帮助烘焙师确定化学和感官步骤的仪器。

作为咖啡领域的专家，您对于未来 5~20 年的梦想是什么？

布特：我真心希望烘焙师能够多去想想咖啡农的辛勤工作。第三波咖啡浪潮下的烘焙师至少以每磅 15 美元的价格出售咖啡豆，而那些可怜的咖啡农每磅的收益却不到 1 美元。

这种收入的不平等迫使广大咖啡农放弃咖啡种植。

我希望广大烘焙师能够同这些咖啡农建立起更好的联系，让整个咖啡产业持久延续下去。

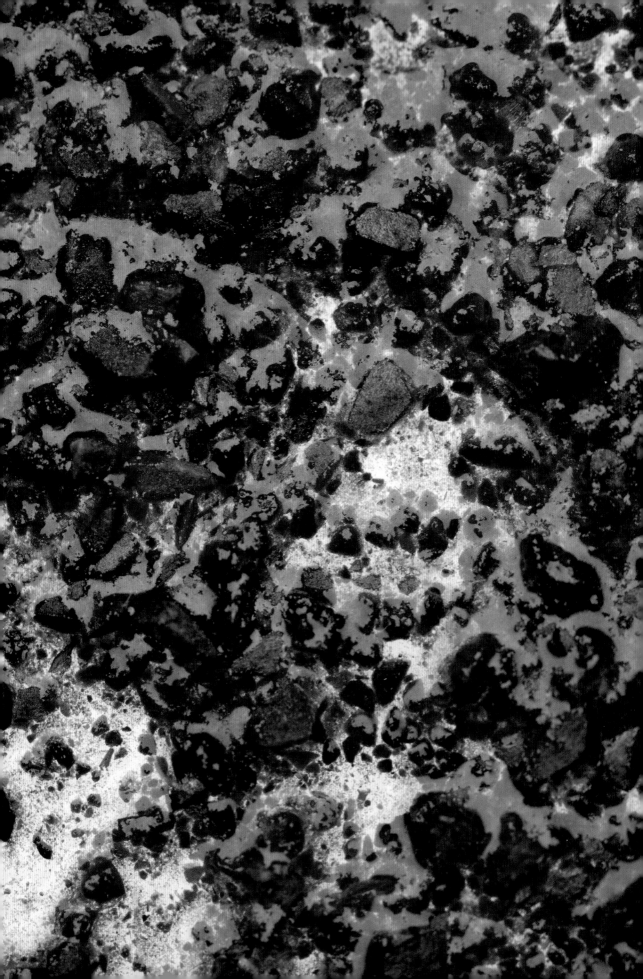

附录

术语表、参考书目、本书作者和
摄影师、致谢

术语表

✦✦✦

绿原酸： 在咖啡中大量存在的多酚化合物和抗氧化物。

有机酸： 具有酸性的碳基化合物。

酸味： 细腻微酸的味道，在高品质咖啡中备受推崇。

苦味： 天然存在于咖啡豆中的味道，同绿原酸和咖啡因的含量成正比。

感官分析： 用感觉器官分析某种物质的感官特性。

阿拉比卡： 阿拉比卡种咖啡的缩写，是最广为种植的咖啡品种。

香味： 鼻腔后部闻到的感觉。

生物动力农法： 从鲁道夫·斯坦纳的人智学和讲座中（1924 年）汲取灵感的农业生产法。

咖啡因： 具有兴奋作用的无臭无味的水溶性生物碱。

焦糖化： 在烘焙时糖的一系列褐变反应，会产生多种化合物。

碳化： 某种有机物经高温分解形成碳。

咖啡果： 咖啡树的果实，又名咖啡核果。

直接贸易： 在咖啡农和最终消费者之间由最少中间人组成的价格链，英文为 "Direct Trade"。

传导： 由一种物质通过直接接触向另一种物质传递热的现象。

对流： 因温度差导致的流体运动传热现象。

醇厚度： 咖啡液的物理特性，在舌头上的重量感。

栽培种： 经过遴选和杂交所获得的品种，适用于人工栽培。

卓越杯（由卓越咖啡联盟主办）： 评选出某个国家最好的咖啡并进行排名，随后对获得优胜的咖啡进行线上拍卖。

杯测： 咖啡行业专业人士所采用的品鉴方法。

去除黏膜： 在去除果肉后，去除咖啡豆上残留的黏膜。

去除果肉： 用机械方法将咖啡豆同部分果肉分离。

脱水： 把水分从有机物中脱离出来的方法。

发豆： 咖啡烘焙豆的纤维素结构的分解程度。

甜味： 咖啡的甜度。

核果： 带核的果实。咖啡果是一种带有两颗核的核果。

吸热： 需要吸收热量的一类化学反应。

均衡度： 咖啡各种风味之间的平衡。在一种口味均衡的咖啡中，没有哪种风味是占压倒性优势的。

品种： 在自然环境中，个体之间可以繁殖并生生不息的植物种群。

公平贸易： 基于咖啡农和采购商之间的一种透明互敬的合作贸易方式，寻求更多的公平。

放热： 释放能量的一类化学反应。

手冲法： 所有非高压萃取法的总称。

滴滤法： 调制咖啡的一种方法，水滴过带有滤器的咖啡粉。

湿刨法： 印度尼西亚文为 "Giling Basah"。印度尼西亚特有的一种采收后处理法。在这过程中，咖啡豆被除去果肉，保留黏膜存放，经过清洗随后部分晾干。

蜜处理法： 一种采收后处理法。在该过程中，咖啡豆被从果实中分离出来，随后保留不同数量的残留果肉进行晾干。

浸泡法： 水穿过一定量咖啡粉的过程。参见"浸滤法"。

亚种： 同一品种的全部后代。

浸滤法： 通过一种液体（咖啡／水）来萃取某种固体物的方法。

口中余韵： 各种味道在口中的残留。

浸泡法： 通过将某种固体静置在液体中以萃取水溶物的过程，如咖啡浸泡在水里。

黏膜： 在咖啡果的羊皮纸上残留的黏性果肉。

气味： 某种物体散发出的在口腔外可以闻到的挥发物。

单品咖啡：来自单一产区的咖啡。

感官物质：能够刺激某种感官感受的物质。

渗滤法：某种液体在机械压力下通过某种固体的萃取方法。

羊皮纸：咖啡豆的外皮，只有在出口前方才除去。

采摘：逐颗摘取咖啡果的采收方式。

生物动力农法肥料：由植物、矿物和动物物质构成的肥料，是生物动力农法的基础。

烘焙曲线：显示咖啡焙烧主要参数发展的全部曲线（温度、时间、升温斜率、重量、容量等）。

干净度：没有任何香气缺陷，是精品咖啡一大特点。

果肉：咖啡果中可食用部分，包裹着咖啡豆。

脱皮日晒法：英文为"Pulped Natural"。采收后的一种处理法，将咖啡豆同咖啡果分离再晾干，保留黏膜完整无缺。

咖啡品质协会（Q Institute）：旨在在全球范围内改善咖啡品质和咖啡农生存状况的非营利机构。

辐射：一种物体用电磁辐射的形式把热能向外散发的热传方式。

美拉德反应：还原糖与氨基酸之间的化学反应，在烘焙时引起咖啡褐变并产生香气。

折光仪：用于测量某种溶液折射率的工具，在本书中指的是测量咖啡中可溶物的比重。

口味：舌头感受到的味道。这五种或六种味道在过去很长一段时间里被认为是绝对的，现在则认为是相对的。

美国精品咖啡协会（SCAA）和欧洲精品咖啡协会（Specialty Coffee Association of Europe，简称 SCAE）：精品咖啡领域烘焙师、进口商、销售商、咖啡农等专业人士的联合会。

速剥采收法：无视成熟程度，摘取一根枝条上所有咖啡果的手工采收法。

半日晒处理法：英文为"Sun Dried"，即"脱皮日晒法"。

咖啡填压器：英文为"Tamper"，在滤器中压实咖啡粉以使其形成均匀平整的工具。

升温斜率：英文为"rate of rise"，指咖啡豆在烘焙时温度上升变化的曲线。

风土：某地地理方位、气温、历史和人力劳作所产生的影响。

质地：可用肉眼看到尤其是触摸得到的咖啡结构的所有特性。

品种：根据不同遗传特性分类的物种分类。

干式处理法、天然咖啡果：英文为"Natural""Dry"。一种咖啡采收后处理法，将整颗咖啡果放在太阳底下直接晾晒。

湿式处理法、水洗咖啡果：英文为"Lavabo""Washed"。一种咖啡采收后处理法，对咖啡果进行挤压以把咖啡豆同果实分离开来，随后进行清洗和晾晒。

世界咖啡研究所（World Coffee Research）：汇集了许多咖啡农和科学工作者的非政府组织，旨在改善咖啡的品质和广大咖啡农的生存状况。

参 考 书 目

❋❋❋

这本书可算是我个人对当前市面上所有专题著作的一次概要总结。多亏有前人珠玉在前，本书方才得以问世，特此将本人所阅书目罗列如下 。无奈本书篇幅有限，无法一一列出，疏漏之处，还望诸位作者和读者海涵。衷心感谢所有作者的启发和指引，对广大读者的关注和建议谨致谢忱。本书参考书目如下，希望对您有所启发。

入门书目

Philippe Goyvaertz, *Les Routes du café*, Genève, Aubanel, 2008.

Michelle Jeanguyot, Martin Séguier-Guis et Daniel Duris, *Terres de café*, Paris, Cirad – Magellan & Cie, 2003.

James Hoffman, *The World Atlas of Coffee: from beans to brewing – Coffee explored, explained and enjoyed*, New York, Firefly Books, 2014.

Frédéric Mauro, *Histoire du Café*, Paris, Éditions Desjonqueres, 2002.

Anette Moldvaer, *Coffee Obsession*, New York, DK Publishing, 2014.

Manuel Terzi, *Dalla parte del caffè. Storia, ricette ed emozioni della bevanda più famosa al mondo*, Bologna, Edizioni Pendragon, 2012.

John Thorn, updated by Michael Segal, *The Coffee Companion: A connoiseur's guide*, Philadelphia, Running Press Book Publishers, 2006.

Robert W. Thurston, Jonathan Morris et Shawn Steiman, *Coffee: A Comprehensive Guide to the Bean, the Beverage, and the Industry*, Maryland, Roman & Littlefield, 2013.

进阶宝典

Mary Banks, Christine McFadden et Catherine Atkinson, *The World Encyclopedia of Coffee: The Definitive Guide to Coffee, from Simple Bean to Irresistible Beverage*, Leicestershire, Anness Publishing Ltd, 2011.

Jean-Pierre Brown, *Les Corsaires sur la route du café*, Saint-Malo, Éditions Cristel, 2006.

Christine Cottrell, *Barista Bible*, second edition, Wilston, Australia, Coffee Education Network Pty Ltd, 2013.

Mark Pendergrast, *Uncommon Grounds: The history of coffee and how it transformed our world* (revised edition), New York, Basic Books, 2010.

Fulvio Eccardi et Vincenzo Sandalj, *Coffee: a Celebration of Diversity*, Mexico, Redacta, S.A de CV, 2000.

David C. Schromer, *Espresso Coffee: Professional Techniques (Updated)*, Seattle, Classic Day Publishing, 2004. Et tous ses ouvrages.

William Harrison Ukers, *All about coffee*, Nabu Public Domain Reprints.

Antony Wild, *Coffee: A Dark History*, New York, Norton & Company Inc., 2005.

奠基著作

Andrea Illy et Rinantonio Viani, *Il caffè espresso : La scienza della qualità*, Trieste, Illy Caffè, 2009. Tous les ouvrages signés Illy.

Philippe Jobin, *Les cafés produits dans le monde*, Le Havre, P. Jobin & Cie, 1992.

Flavio Meira Borem, ed, *Handbook of Coffee Post-Harvest Technology: a Comprehensive Guide to the Processing, Drying and Storage of Coffee*, Norcross, Georgia, Gin Press, 2014. Et tous les auteurs des articles.

Thomas Oberthür, Peter Läderach, H.A Jürgen Pohlan et James H. Cock, ed., *Specialty Coffee: Managing Quality*, Malaysia, International Plant Nutrition Institute, South East Asia

Program, 2012. Et tous les auteurs des articles.

Pasquale Pallotti, *Il Caffè : Produzione*, Peveragno, Blu Edizioni/Pasqualle Pallotti, 2000.

Carlos Henrique Siqueira de Carvalho, *Cultivares de Café : origem, características e recomendações*, Brasília, Embrapa Café, 2008.

Scott Rao, *The Coffee Roaster's Companion*, Canada, 2014. Et tous ses ouvrages comme *The Barista Handbook*.

Michael Sivetz, *Coffee Technology*, Westport, Connecticut, The AVI Publishing Company, 1979.

Specialty Coffee Association of America (SCAA), *The Coffee Brewing Handbook. A Systematic Guide to Coffee Preparation*, Long Beach, California, 2011. Et toutes les publications de l'association.

Jean-Nicolas Wintgens, ed., *Coffee: Growing, Processing, Sustainable Production. A Guidebook for Growers, Processors, Traders and Researchers*, Weinheim, Wiley-VCH Verlag GmbH & Co, 2008. Et tous les auteurs des articles.

http://www.cirad.fr/
http://www.ico.org/
http://www.scaa.org/
http://worldcoffeeresearch.org/

农业种植类书目

Patrice Bouchardon, *L'Énergie des arbres : le pouvoir énergétique des arbres et leur aide dans notre transformation*, Paris, Le Courrier du Livre, 1999.

François Bouchet, *Cinquante ans de pratique et d'enseignement de l'Agriculture Bio-dynamique : Comment l'appliquer dans la vigne*, Paris, Deux versants, 2003.

Claude et Lydia Bourguignon, *Le sol, la terre et les champs : pour retrouver une agriculture saine*, Paris, Sang de la Terre, 2009. Et tous leurs ouvrages.

Michel Bouvier, *La Biodynamie dans la viticulture : Guide à l'usage des amateurs de vin*, Paris, Jean-Paul Rocher éditeur, 2008.

Gilles Clément, *La Sagesse du jardinier*, Paris, Éditions JC Behar, 2008. Et tous ses ouvrages.

Ehrenfried Pfeiffer, *Soil Fertility. Renewal and Preservation*, The Lanthorn Press, 1947.

Masanobu Fukuoka, *L'Agriculture naturelle. Théorie et pratique pour une philosophie verte*, Paris, Guy Trédaniel éditeur, 1989. Et tous ses ouvrages.

Jean Giono, *Lettre aux paysans sur la pauvreté et la paix*, Genève, Éditions Héros-Limite, 1938.

Johann Wolfgang Goethe, *La métamorphose des plantes et autres écrits botaniques*, Laboissière en Thelle, Éditions Triades, 1999.

Francis Hallé, *Un monde sans hiver*, Seuil, coll. Points Sciences, 2014. Et tous ses ouvrages.

Nicolas Joly, *Le Vin, entre Ciel et Terre*, Paris, Éditions Sang de la terre, 2005.

Herbert H. Koepf, Wolfgang Schaumann et Manon Haccius, *Agriculture biodynamique. Introduction aux acquis scientifiques de sa méthode*, Genève, Éditions Anthroposophiques Romandes, 2001.

Pierre Masson, *Guide pratique pour l'agriculture biodynamique*, Château, Biodynamie Services, 2012. Et tous ses ouvrages.

Peter Proctor, Grasp the Nettle, 2013 Rudolf Steiner, *Le Cours aux agriculteurs*, Montesson, Éditions Novalis, 2009. Et tous ses ouvrages et conférences.

感官类书目

Gaston Bachelard, *La Psychanalyse du feu*, Paris, Éditions Gallimard, 1949.

Christiane Beerlandt, *La Symbolique des aliments : la corne d'abondance*, Nazareth, Belgique, Beerlandt Publications, 2005.

Joël Candau, Marie-Christine Grasse et André Holley, sous la dir. de, *Fragrances : Du désir au plaisir olfactif*, Marseille, Éditions Jeanne Laffite, 2002.

Georges Didi-Huberman, *Blancs soucis*, Paris, Les Éditions de Minuit, 2013. Et tous ses ouvrages.

Masaru Emoto, *Le Miracle de l'eau*, Paris, Guy Trédaniel éditeur, 2008. Et tous ses ouvrages.

Jean-Louis Flandrin et Massimo Montanari, sous la dir. de, *Histoire de l'alimentation*, Paris, Fayard, 1996.

Gilles Fumey et Olivier Etcheverria, *Atlas mondial des cuisines et gastronomies : une géographie gourmande*, Paris, Éditions Autrement, 2004.

Pierre Hermé et Jean-Michel Duriez, *Au cœur du goût*, Paris, Agnès Viénot éditions, 2012.

André Holley, *Le Cerveau gourmand*, Paris, Éditions Odile Jacob, 2006.

Ulrich Holst, *Purifier et dynamiser votre eau*, Paris, Éditions Médicis, 2007.

上图

~

在空中翱翔。咖啡为我们插上翅膀！

感谢克莱芒特·庞松

让我能够从高空俯瞰尼加拉瓜咖啡种植园。

❦❦❦

伊波利特·库尔蒂

2009 年，伊波利特·库尔蒂创建了顶级咖啡教室"咖啡树"，旨在再现咖啡的辉煌。他引进品质卓越的咖啡豆，提供给顶级大厨，打造出咖啡界的"饕餮大餐"。他同美食界和顶级葡萄酒领域的翘楚合作，其中包括星级大厨安娜-索菲·皮克女士和有"马卡龙王子"之称的皮埃尔·艾尔梅先生。作为整条咖啡产业链上的知名人物，他定期前往种植园参观，为广大咖啡农提供建议，积极推行生物动力农法和可持续发展农法。他创意无限，要求严格，在 2015 年推出了名为"醍醐"的浓缩咖啡品鉴杯，为餐饮业的咖啡服务开创了新维度。2014 年以来，他在自己位于巴黎的"咖啡树"咖啡教室和互联网上将自己的热忱和严格标准传授给广大咖啡爱好者。

埃尔万·菲舒

埃尔万·菲舒是一名摄影师。他居住在巴黎，定期同法国国内外各大报刊合作，包括《解放报》《世界报》《国际信函》《色彩》《墙纸》《名利场》，等等。他的艺术作品曾在各地展出，包括法国阿尔勒国际摄影节、墨西哥城艺术宫、巴黎的大皇宫以及荷兰鹿特丹的当代艺术中心等。他虽然不喝咖啡，但在好奇心的驱使下，还是接受了伊波利特·库尔蒂的一句随口邀请，参与了本书的编撰工作。"追随伊波利特的脚步，展开旅程和访谈，帮助我尝试并了解咖啡领域的各种概念和农作法（生物动态农法、风土）。掌握了这些基本知识，就能够从这些种植咖啡的景观中，解读出各种极其复杂的生物体和农作结构，也就是一切的基石。"

致谢

✤✤✤

我尤其要衷心感谢陪伴我完成本书创作的阿里安娜和奥里莫，还有我的团队成员丹尼尔拉·卡普阿诺、艾曼纽·波奇耶、法比安娜·弗朗索瓦、菲利普·努斯鲍默、狄波拉·克雷斯以及彼得·沙达基在我写作时提供的帮助。下列人士提供的经验分享、建议以及校对同样让我满心感激，他们是西尔维奥·莱特、克劳迪奥·科尔洛、亨里克·斯洛佩、恩娜·西亚加拉哈恩、安德烈·卡里尔、皮耶罗·庞比、弗雷德里克·德拉科拉瓦、让神父、恩里科·梅希尼、西尔维奥·莱特、威廉·布特、艾曼纽·瓦卡加拉、大卫·豪格——本书中的访谈只节选了他们和我对话中的一小部分。我还要感谢下列朋友，同他们定期乃至长期的友好交流，充实了我的思想，让我在本书章节中恣意挥洒自己的想法：皮埃尔·艾尔梅、安娜-索菲·皮克、帕斯卡·巴博、西里尔·伯达里尔、克里斯多夫·圣达涅、何塞·达·罗萨、伊夫·坎德博尔德、布鲁诺·肯组、文森特、尼古拉和维吉尼·卓利、大卫·比霍、安东瓦纳·佩特鲁斯、乔纳森·鲍尔-莫奈雷、艾曼纽·特雷蒙唐、让-米歇尔·杜雷兹、塞德里克·卡萨诺瓦、西尔维·阿玛尔、马修·莫阿提、"葡萄酒贩子"团队、大卫·乐卡帕、亚历山大·本、洛朗·卡佐特、克里斯多夫·佩雷、文森特·拉瓦勒、布鲁诺·维居斯、德尔芬·普利松、安德鲁·巴尼特、本杰明·路祖、本杰明·福提、马克·安吉利、格洛丽亚·黑山、奥利维尔·莫诺、阿历克斯·克罗盖、安东尼·克瓦特、哈米德、飞鸽、弗朗西斯科·意利、尼古拉·贝尔吉、艾伦·杜卡斯……另外还有迭戈·里弗拉、乔地·维瑟、阿拉库全部员工以及纳安迪基金会。感谢所有特别关注咖啡并支持我们的记者和评论家。感谢我在葡萄酒业、"称号复兴会"、西尔维·安巧以及其他领域的朋友们。

我要感谢下列人士以专业严格的眼光耐心慷慨地直接参与本书的撰写工作：贝努瓦·贝特朗、文森特·卓利、辛迪·阿道夫、萨拉·罗森伯格、安东瓦纳·沃歇、加米·布兰吉艾、艾文和斯文、摩根·达什那、文森特·巴特，尤其感谢克莱芒·舍诺。

同样感谢所有咖啡农，无论他们是否同我们合作，以及所有那些接待我们为本书拍摄照片的人士：Ramacafe 的堂·克莱芒、埃里克·彭松、亨利和加布里埃拉、尼加拉瓜 Ecom 公司、里卡多·佩雷斯、约瑟夫·布罗茨基、维克多·德·佩雷斯、泽尔敦、埃斯特班·阿科斯塔、恺撒·马林、凯利·哈特曼、唐佩奇、弗朗西斯科及其所有员工。

谨此鸣谢咖啡界和美食界、法国咖啡师资源网、欧洲精品咖啡协会、咖啡委员会以及法国美食学院。

感谢橡树出版社全体员工法比安娜、劳伦斯、奥瑞莉和劳拉，还有拍出绝美照片的天才摄影师埃尔万·菲舒，感谢他的热情和敏锐的理解力，他尤其把握住了"热带的富饶"；还要感谢塞利娅绘制的插图，感谢克莱尔、杰西卡以及维吉尼亚为本书排版。

最后，我衷心感谢"咖啡树"成立以来陪伴我们一路走来的所有人士，还有所有参与品鉴并一心信任我们的顾客们。

第 4 页插图
经过烘焙的咖啡豆。
印度南部的巴尔马蒂肯特种植园。

第 6 页插图
晾干的咖啡果。
干式处理法（又名"天然晾晒法"）
将整颗咖啡果放在晾晒床或地面上发酵晾干。
在这里可以看到咖啡果表面闪烁的油脂和糖分。

第 304 页插图
冷热和干湿相遇。
刚刚研磨好的完全晾干的咖啡粉，
吸收热水开始膨胀，并释放出气体和易挥发香气，
赋予饮者极大的感官享受。

第 306 页插图
自然向有心人展现自己的千变万化。
一颗咖啡树顶端的浅绿色叶片，散发着青铜色的光芒。

第 314 页至第 315 页插图
从巴拿马博克特的骡子庄园上空
俯瞰整个咖啡种植区域。

第 316 页插图
正在悬空的晾晒床上晾晒的咖啡果。
在采收末期，全部未成熟、腐烂、干枯受损的果子
都会以干式处理法进行发酵。

第 319 页插图
咖啡全身都是宝。
近看咖啡脂，里面混合着油脂和气体，
一杯可口的浓缩咖啡的香气和色泽即从此而来。
通过这些对比，可以解读出咖啡萃取的品质。

图书策划　雅信工作室
出版人　王艺超
策划编辑　郭薇
责任编辑　郭薇
营销编辑　高寒
书籍设计　熊琼

出版发行　中信出版集团股份有限公司

服务热线：400-600-8099　网上订购：zxcbs.tmall.com
官方微博：weibo.com/citicpub　官方微信：中信出版集团
官方网站：www.press.citic